绿色高效栽培技术

CAI YONG GANSHU LUSE GAOXIAO ZAIPEI JISHU

杨新笋　苏文瑾　主编

长江出版传媒　湖北科学技术出版社

图书在版编目(CIP)数据

菜用甘薯绿色高效栽培技术／杨新笋,苏文瑾主编.
—武汉:湖北科学技术出版社,2018.9(2019.12 重印)
ISBN 978-7-5706-0496-8

Ⅰ.①菜⋯　Ⅱ.①杨⋯ ②苏⋯　Ⅲ.①甘薯—栽培技术
Ⅳ.①S531

中国版本图书馆 CIP 数据核字(2018)第 214733 号

责任编辑:王贤芳　　　　　　　　　　　封面设计:曾雅明

出版发行:湖北科学技术出版社　　　电话:027-87679468
地　　址:武汉市雄楚大街 268 号　　邮编:430070
　　　　　(湖北出版文化城 B 座 13-14 层)
网　　址:http://www.hbstp.com.cn

印　　刷:武汉中科兴业印务有限公司　　　　　　邮编:430071

880×1230　　　1/32　　　3.75 印张　　　　　　84 千字
2018 年 9 月第 1 版　　　　　　　2019 年 12 月第 4 次印刷
　　　　　　　　　　　　　　　　　　　　定价:15.00 元

目　　录

第一章　菜用甘薯概述

第一节　菜用甘薯与普通甘薯的区别

甘薯（*Ipomoea batata*（L.）Lam）是旋花科（Convolvulaceae）一年生作物，是世界上重要的粮食、饲料、工业原料和生物能源用作物。菜用甘薯是指以薯叶、叶柄、嫩梢作为日常蔬菜食用的新型专用甘薯品种，叶、柄、梢宜炒食，味甘、质滑、可口，营养丰富，是人们较喜欢的蔬菜。菜用甘薯品种与普通甘薯品种在主要经济器官的利用价值上存在根本不同，普通甘薯品种主要利用块根，菜用甘薯品种主要利用茎尖。普通甘薯品种茎尖虽然也可以食用，但与菜用甘薯品种茎尖有显著差别，两者之间的主要不同点表现为：①菜用甘薯品种茎尖食味清香，普通甘薯品种茎尖食味苦涩；②菜用甘薯品种质地鲜嫩，普通甘薯品种茎尖质地比较老化；③菜用甘薯品种茎尖全身无绒毛或只有极少量绒毛，普通甘薯品种茎尖往往有大量绒毛；④菜用甘薯品种茎细叶小，普通甘薯品种茎粗叶大。另外，普通甘薯品种薯块产量一般比较高，菜用甘薯品种薯块产量一般较低。

第二节　菜用甘薯的营养保健功能

世界卫生组织（WHO）经过3年研究和评选，评出了六大最健康食品和十大垃圾食品。评选出的最健康食品包括最佳蔬菜、最佳水果、最佳肉食、最佳食油、最佳汤食、最佳护脑食品六类。而人们熟悉的甘薯,被列为13种最佳蔬菜的冠军。菜用甘薯在美国、日本、中国台湾和中国香港等地成为一种新型蔬菜,美国将它列为"航天食品",日本和中国台湾尊它为"长寿食品",中国香港则称它为"蔬菜皇后"。

一、菜用甘薯丰富的营养成分

1. 菜用甘薯不同器官的营养组分比较

根据韩国相关机构提供的研究资料,甘薯不同器官的营养组分和保健成分有很大差异,而且在许多方面地上部要显著高于地下部。表1-1表明菜用甘薯茎尖和叶片的蛋白质、脂肪、膳食纤维、钙和铁含量都比贮存根高。其中,茎尖和叶片的蛋白质含量分别是贮存根的2.7和3.5倍,膳食纤维含量为贮存根的近3倍,钙、铁含量均为贮存根的3倍左右。

表1-1　菜用甘薯植株不同部位的营养价值(2001年)

植株部位	蛋白质/%	脂肪/%	碳水化合物/%		钙(FW)/ $mg \cdot kg^{-1}$	铁(FW)/ $mg \cdot kg^{-1}$
			糖	膳食纤维		
贮存根	1.1	0.3	31.7	0.5	280	8
叶柄	0.6	0.2	10.5	1.5	540	18
茎尖	3.0	0.4	9.2	1.4	880	23
叶片	3.9	0.6	8.1	1.3	780	21

注:表中数据由韩国国家试验站(NHAES)和农村发展管理局(RDA)提供

对菜用甘薯植株抗氧化物质含量测定发现,菜用甘薯茎尖和叶片的绿原酸、异绿原酸含量都明显高于贮存根,叶片的咖啡酸含量也高于贮存根。茎尖的绿原酸和异绿原酸含量分别是贮存根的2.7和3.6倍;叶片的绿原酸、异绿原酸和咖啡酸含量均为贮存根的 5 倍(表 1-2)。甘薯茎叶富含多酚类物质,其多酚含量为常见蔬菜如菠菜、油菜、卷心菜等的2～3 倍。

表 1-2　菜用甘薯植株不同部位的抗氧化物含量(%)

植株部位	绿原酸	异绿原酸	咖啡酸
贮存根	11.2	7.1	0.3
叶柄	3.4	1.7	0
茎尖	30.6	25.5	0
叶片	56.0	35.5	1.5

注:表中数据由韩国国家试验站(NHAES)和农村发展管理局(RDA)提供

2.菜用甘薯与其他蔬菜营养组分的比较

O'Conne 等对 4 种蔬菜中营养组分和生物有效性(bioaccessibility)进行研究,发现菠菜、花椰菜、红辣椒和菜用甘薯都含有 β-胡萝卜素、叶黄素、玉米黄素,其中菜用甘薯的叶黄素、玉米黄素的生物有效性最高,即刻被人体吸收利用率最高,β-胡萝卜素的生物有效性仅次于花椰菜,高于其他两种蔬菜。Huang 等,对美国东南部非裔美国人主要食用的 12 种蔬菜的多酚成分进行测定,鉴定出 3 种主要黄酮类物质,其中在槲黄素含量排序中,菜用甘薯居第 2 位,是羽衣甘蓝和黄秋葵的2 倍多,是马齿苋的 20 倍以上;在山奈酚含量排序中,菜用甘薯居第 4 位,是马齿苋的 5 倍。

朱天文对菜用甘薯与菠菜、苋菜、结球莴苣和甘蓝等叶用蔬菜的营养成分进行测定,结果表明菜用甘薯叶的蛋白质、铁、维生素 B_2 含量最高。据中国预防医学科学院检测,菜用甘薯与菠菜、芹菜、大白菜、小白菜、韭菜、花椰菜、南瓜、冬瓜、莴苣、甘蓝、茄子、番茄、胡萝卜等蔬菜相比,在蛋白质、脂肪、碳水化合物、热量、膳食纤维、钙、磷、铁、胡萝卜素、维生素 C、

维生素 B_1、维生素 B_2、烟酸等 13 项营养成分中菜用甘薯叶均居前列。表 1-3 资料进一步证明甘薯茎尖不菲的营养价值。

表 1-3　甘薯茎叶与菠菜、空心菜、荠菜、绿苋菜等绿色蔬菜营养成分比较

食物 100(kg)		甘薯茎叶	菠菜	空心菜	荠菜	绿苋菜
热量（卡*）		21	16	19	15	32
蛋白质(kg)		3.0	2.3	2.3	2.1	1.8
脂肪(kg)		0.7	0.2	0.7	0.2	0.5
糖类(kg)		2.3	2.4	2.1	2.3	6.6
纤维(kg)		2.0	0.8	0.9	0.7	1.3
矿物质	钙(mg)	153	70	94	180	300
	磷(mg)	81	36	36	61	66
	铁(mg)	3.6	2.5	1.4	2.0	6.3
胡萝卜素(国际单位)		≥100	10500	4200	3500	1800
维生素	A(mg)	0.14	0.04	0.07	0.06	0.06
	B(mg)	0.21	0.18	0.20	0.13	0.23
	C(mg)	21	60	43	180	17

注：(资料来源：林妙娟，台湾花莲区农业改良场，1995 年)

　　*：1 卡＝4.1868J

3.菜用甘薯矿质元素含量

(1)钙元素含量。甘薯茎尖的钙含量为 1800 mg/kg，是油菜、芫荽、空心菜、香椿芽、小白菜、筒蒿、油麦菜、菠菜钙含量的 2～3 倍，是甘蓝、芹菜、韭菜、生菜、莴笋叶、胡萝卜的 4～6 倍，是黄瓜、茄子、冬瓜、南瓜、丝瓜的 7～13 倍，是番茄的 18 倍。茴香是含钙量高的蔬菜，但仍明显低于甘薯茎尖的含钙量。

(2)钾元素含量。甘薯茎尖钾含量为 4000 mg/kg，是冬瓜的 5 倍，油麦菜的 4 倍，丝瓜、番茄、胡萝卜、茄子、南瓜、黄

瓜、芹菜、香椿芽、莴笋叶、生菜、茴香、甘蓝、小白菜和大白菜的 2～3 倍，菠菜的 1.3 倍。

（3）硒元素含量。蔬菜中的含硒量普遍较少，大蒜是硒的强富集植物。甘薯茎尖的硒含量为 20 μg/kg，是蒜苗的 1.6 倍，是大多数蔬菜的 2～3 倍。

（4）铜元素含量。甘薯茎尖的铜含量为 2.4 mg/kg，是大多数参比蔬菜的 2～3 倍，一般蔬菜的铜含量主要与当地的种植条件有关，同时也可能与该品种对铜的富集和吸收能力有关。

（5）其他元素含量。甘薯茎尖的磷、镁、锌含量也比较高，磷含量 620 mg/kg，镁含量 430 mg/kg，锌含量 4.6 mg/kg，甘薯茎尖的铁含量则较少，为 8 mg/kg。

二、菜用甘薯重要的医疗保健功能

因为菜用甘薯茎尖富含营养，如多种维生素和矿物质，据日本国立癌症预防研究所及欧美等国的研究表明：菜用甘薯茎尖具有抑制病菌增殖；调节免疫功能，提高人体抗病力，延缓衰老；止血、抗癌、降血糖；通便利尿、解毒；防治夜盲症等康复功能，还是上述病人的功能食品，所以说它是一种难得的保健食品。

1. 抗癌、抗氧化作用

近年来，日本国立癌症预防研究所对 40 多种蔬菜的抗癌成分分析和抗癌试验表明，甘薯抗癌性列首位，甘薯不但可以预防结肠癌和乳腺癌，还能延缓智力衰退，增强人体免疫力。刘连瑞报道，西蒙 1 号甘薯叶提取物能抑制肿瘤生长，进而引起肿瘤组织出血性坏死。张英华等对甘薯叶中的抗氧化活性物质采用甲醇粗提后，再用不同有机溶剂进行梯度提取，并部分纯化,到了多酚和黄酮类化合物抽提物。Huang 等分析了多酚的抗氧化机理:清除氧自由基;保护和产生其他膳食性抗化剂,如维生素 E;螯合与氧结合的金属离子。

中国中医研究院广安门医院肿瘤科主任、全国中医肿瘤医疗中心副主任林洪生教授认为,甘薯不仅营养丰富,而且居于抗癌食物的首位,对此文献资料中有很多介绍。日本国家癌症研究中心公布的 20 种抗癌蔬菜"排行榜"为:甘薯、芦笋、花椰菜、卷心菜、西兰花、芹菜、甜椒、胡萝卜、金花菜、苋菜、荠菜、茎蓝、芥菜、西红柿、大葱、大蒜、青瓜、大白菜等,其中甘薯名列榜首。而且日本医生通过对 26 万人的饮食调查发现,熟甘薯的抑癌率高于生甘薯。我国医学工作者曾对广西西部的百岁老人之乡进行调查后发现,此地的长寿老人有一个共同的特点,就是习惯每日食甘薯,甚至将其作为主食。

2.促进骨骼形成、预防骨骼疾病、增强免疫力

Heer 研究发现西蒙 1 号甘薯叶提取物中含有丰富维生素 K_1,维生素 K_1 主要功能就是促进骨骼形成。Tang 等研究西蒙1号甘薯叶提取物的有效成分,发现甘薯叶含 3 种抗氧化成分,即咖啡酸、绿原酸和异绿原酸。其中,咖啡酸具有显著地抑制破骨细胞形成的作用,进而可以预防骨质疏松和骨骼炎症的发生。以特白 1 号甘薯叶为主要原料制成"维康"(中国农业科学院作物育种栽培研究所),饲喂用环磷酰胺抑制免疫机能的动物及高脂模型动物,临床结果表明,"维康"具提高免疫功能和降脂、抗栓作用,对脾气虚和脾不统血症具有良好保健治疗作用。甘薯叶制成的药物对肝功能轻度损伤有恢复作用,经毒理研究及临床观察均无明显毒副作用,无禁忌证,因此其具有一定免疫增强作用。

3.降血脂、降胆固醇和抗突变作用

Ishida 等研究发现甘薯叶中含有水溶性膳食纤维(8.8 g/kg 左右),这部分水溶性膳食纤维已经被证实可以降低餐后血糖含量,降低肝部胆固醇和血清中血脂含量。我国台湾林金源等利用安氏试验法(Amestest)试验表明:台湾 CN1364-24、CN1367-2 等 6 种甘薯叶萃取物对 IQ 以及 2-氨基-3-甲磺酸-(4,5-f)喹啉具有显著的抗突变性,没有发现致突变性。

第三节 菜用甘薯品种选育研究进展

关于菜用甘薯的研究起始于日本、韩国等国,日本近年推出的茎尖菜用甘薯品种有关东 109、翠王、农林 48 等。我国从 20 世纪 90 年代开始重视菜用甘薯品种的选育研究,一些甘薯育种单位采用品种间杂交、计划集团杂交和系统选择等方法,已初步选育出一批菜用甘薯新品种或品系。福建省农科院作物研究所福建省龙岩市农作所通过有性杂交方法分别育成了优良的茎尖菜用品种"福薯 7-6"和"食 20",这两个品种嫩梢翠绿色,茸毛少,腋芽再生力强,植株生长势旺,经济产量较高,熟食品质较好,适口性好,炒熟后保持绿色时间较长。江苏省农科院粮作所从亚洲蔬菜发展研究中心茎叶黄化呈金黄的甘薯菜用品种中,筛选出能在长江流域结薯块的变异后代,定名为"菜薯 1 号",并通过有性杂交方法选育出兼菜用型品种"翠绿"(宁 R97-5)。南京市农科所利用食 20、蒲薯 53、湛江菜用红头、商 52-7 等一批茎尖含水量高的品种,进行有性杂交,选育出菜用 99-1、99-2、99-3 等优良菜用甘薯新品系,并同时进行了食 20 等品种嫩化甘薯茎尖的栽培研究及产业化生产。我国台湾地区很早就进行了菜用甘薯的品种选育,从较早的

台农 2 号、台农 68,到现在大面积推广的台农 71(福建称为
"富国菜"),尤其是台农 71 现已在大陆许多地区种植。20 世
纪 80 年代后期,国内相关单位开始逐步重视菜用甘薯的开发
利用,对一些已育成的品种进行菜用甘薯的筛选,选育出叶、
薯两用品种:鲁薯 7 号、北京 553、莆薯 53 等。20 世纪 90 年
代,福建省经过十余年的努力,成功地选育出了全国第一个通
过省级审定的菜用甘薯新品种福薯 7-6,并于 2005 年通过国
家鉴定,这是国内选育出最早的菜用甘薯品种之一,并已作为
国家区域试验对照品种使用。近几年来,随着菜用甘薯市场
份额的不断扩大,国内尤其是南方甘薯育种单位加强了菜用
甘薯品种的培育,育成了一批适宜不同地区的茎尖菜用甘薯
新品种,其中福建省品种有福薯 10 号、福薯 18、福薯 22、福菜
薯 23、蒲薯 53、泉薯 830、泉薯 880、食 20 等,湖南省品种有湘
菜薯 1 号、湘菜薯 18、金叶、长沙 1 号、长沙 2 号、长沙 3 号、长
沙 4 号、长沙 5 号等,广东省品种有广菜 1 号、广菜 2 号、广菜
3 号,浙江省品种有杭香 1 号、浙菜薯 726,湖北省有鄂菜薯
1 号、鄂菜薯 2 号、鄂菜薯 10 号等,江苏省品种有宁菜薯 1 号、
宁菜薯 3 号、薯绿 1 号等。

第四节　菜用甘薯加工利用研究现状

　　菜用甘薯的茎尖和嫩叶营养丰富,可以利用其茎尖嫩叶
为原料,通过烹调加工成各种美味可口营养丰富的佳肴。菜
用甘薯不仅可作为鲜食,还可以腌制食用,脆嫩色绿、咸淡适
口、风味独特,经常食用有较好的保健作用。菜用甘薯亦可加
工成各种系列营养保健食品。四川省南充农业学校,从新鲜
甘薯茎尖嫩叶中提取清汁,添加于挂面中(添加量占面粉重

20%），加工制成颜色淡绿、营养丰富的食疗保健挂面。武汉食品工业学院选择鲜嫩薯叶制成薯叶茶，该茶具有甘薯叶和茶叶的复合香味，味甜适口，后味长，具有降血压、防癌等功能，并有滋补保健的功能。四川省内江、浙江省杭州等地利用甘薯的嫩茎叶研制出速冻甘薯茎叶、甘薯茎叶保健饮料、甘薯浓缩叶蛋白和甘薯茎尖罐头等加工产品。速冻甘薯茎叶即将新鲜甘薯茎叶通过清洗、烫漂、速冻等加工处理而成，较大程度保持了新鲜甘薯茎叶原有的色泽风味和多种维生素，可作长期保存，食用方便，是一种天然绿色保健食品。甘薯茎叶保健饮料即以新鲜甘薯茎叶为原料，抽取出其中的液汁，加以科学配制成清香爽口的食疗食补的饮料。甘薯浓缩叶蛋白即将甘薯茎叶切碎压榨后的绿叶浆汁经凝集、沉淀、分离后得到的浓缩固形物，它是糕点食品的优良添加剂。据林礼辉、刘慧瑛（1987）和浙江省农科院叶彦复（1993）等报道，从甘薯茎叶中提取的浓缩叶蛋白营养价值并不逊于豆谷等种子蛋白。该叶蛋白除作为高蛋白资源外，还富含微量元素和钙质，其钙磷比大于10，为食物中少有的高钙食品，是良好的钙质补充剂。利用甘薯茎尖加工成罐头，不但增加了食品工业产品的种类，同时可周年满足人们对甘薯茎尖营养保健食品的需求。

甘薯茎叶虽然营养丰富，但不耐贮存，且季节性强，易腐烂变质。为了充分利用甘薯茎叶资源，甘薯茎叶的加工利用显得十分重要。下面介绍几种利用甘薯茎叶制成的加工食品。

一、鲜食

其食用加工方法主要是将新鲜的甘薯茎尖嫩叶或叶柄洗涤后，切去少量茎端褐变部用油锅加蒜末猛火炒熟；也可先用沸水烫一下,再切碎,加蒜末、糖、醋、麻油等调料凉拌食用,或熬汤,或做饺子馅等,其口感滑嫩,食味清香。

二、甘薯茎尖罐头

新鲜甘薯茎尖—清洗剔拣—晾干—护色—漂洗—配料—装罐—排气封罐—杀菌—冷却—检验包装—成品。甘薯茎尖罐头的汤汁绿色清亮,酸甜适中,鲜美可口,富含营养。

三、保健挂面

添加于挂面中(添加量占面粉重 20%),加工制成颜色淡绿、营养丰富的食疗挂面。

四、甘薯保健茶

选择鲜嫩薯叶去柄,然后采用紫苏、陈皮等制作的药液杀青,放入 25~40 ℃的烘房中烘 30 小时,加入 60% 的茶叶一起粉碎,用 60 目筛除去粉末即成薯叶茶,该茶具有特殊的甘薯叶味,色香、味浓,其中灰分 8%~9%、茶多酚 5%~6%。利用甘薯的嫩叶与茶叶拼配(茶叶 59.4%,甘薯嫩叶 40%,杀青药料 0.6%,该药喷洒在甘薯叶上)混合后,该茶具有甘薯叶和茶叶的复合香味,味甜适口,后味长,具有降血压、防癌等功能,并有滋补保健的功能。

五、甘薯茎叶保健饮料保健滋补酒

日本人还利用甘薯茎叶加工制成一种酸甜可口的保健滋补酒,在日本市场上十分畅销。

六、甘薯浓缩叶蛋白

选择成熟适度的嫩绿甘薯叶,清洗沥干后切碎入果汁机挤汁,汁液加碱调至 pH 值 8 左右,用蒸气加热至 85～90 ℃,然后用离心机进行脱水,摊平后入 50～60 ℃烘干箱烘干,再粉碎过 80 目筛,即可作糕点食品的添加剂。从甘薯茎叶中提取的浓缩叶蛋白营养价值并不逊于豆谷等种子蛋白。该叶蛋白除作为高蛋白资源外,还富含微量元素和钙质,其钙磷比大于 10,为食物中少有的高钙食品,是良好的钙质补充剂。

七、腌制甘薯叶

将无病、嫩绿薯叶洗净沥干,放入 0.05%碳酸钠和 0.3%的氢氧化钙浸泡,然后再用清水清洗干净,用 15%～18%食盐加 0.1%氯化钙和 0.15%的维生素 C 混合料均匀腌制,1 周内不断翻动,然后用石头压紧,1 个月后用清水洗盐,使薯叶食盐含量在 5%～6%,挤压出薯叶中的水,使其含水量在 80%以下,然后用丁香粉、胡椒粉、蒜粉、辣椒粉、白糖、食盐、味精、酱油、山梨酸钾等调料拌匀,经真空包装杀菌等工序即为成品。脆嫩色绿、咸淡适口、风味独特,经常食用有较好的保健作用。

第五节　菜用甘薯利用开发前景

夏季蔬菜供应主要缺少速生叶菜,其生长期一般在 30 天以内,主要靠露地栽培,常遭受雨害、高温等多种自然灾害和病虫害侵袭,生产风险很大,且产量不稳定。同时速生叶菜储藏期短,难以远距离运输,只能在当地销售。每年 6 月下旬至 8 月下旬蔬菜伏缺期内叶菜供应很不稳定,甘薯叶和嫩梢一般作为夏季青菜伏缺时的替代品,深受消费者青睐。菜用甘薯适应性广,栽培容易,甘薯茎叶再生能力强,生长旺盛,而且可以从封垅时采摘到收获前半个月,连续采摘,产量之高和生长期之长是其他蔬菜无法比拟的。而且甘薯的病虫害较少,很少使用农药,基本上无污染。菜用甘薯还能在炎热多雨的夏季,补缺城乡淡季叶菜市场供应,增加蔬菜的花色品种,丰富居民的菜篮子。在我国南方大部分地区,薯尖是夏秋季节经常食用的蔬菜之一,极大满足了消费者在蔬菜淡季对于叶菜类蔬菜需求。湖北有着食用薯尖的传统,武汉地区菜用薯薯尖收获期为 4 月中旬至 10 月下旬,收获期内薯尖亩产可超 5 吨,每吨平均售价约 4000 元,亩产值可超 2 万元,具有非常可观经济效益。薯尖生产季节,每天薯尖需求量不下 100 吨,薯尖收获期按 150 天算,其潜在市场价值约 6000 万元。由此可见,菜用薯产业不仅为消费者提供了营养丰富薯尖产品,还极大促进了当地经济发展,经济和社会效益显著。

我国甘薯资源十分丰富,因地制宜发展菜用甘薯生产,具有显著的经济效益和社会效益,其开发利用前景十分广阔。因此,今后应加强菜用甘薯育种及开发利用研究,并开展科普宣传工作,进一步扩大菜用甘薯产业化生产与开发利用,提高商品率,并积极开拓市场,增加出口创汇,进一步提高经济效益。

第六节　发展菜用甘薯的优势、存在问题及展望

菜用甘薯作为蔬菜作物具有众多的优势:①营养价值高,

具有医疗保健功能；②适应区域广泛，对栽培条件要求不高；③耐热，可作为夏季蔬菜淡季过渡产品；④种植效益高；⑤利用保护地设施可进行周年生产；⑥抗病，少虫。

虽然菜用甘薯有很多其他蔬菜不具备的优势，但也存在以下问题：①不耐贮运，贮存期短，消费者的消费习惯有待进一步培养；②推广力度不够，市场份额较小，淮河以北市场更小；③大陆品种综合性状与日本、我国台湾地区还有差距；④品种选育指标及栽培、采收标准还有待进一步统一和完善。

甘薯作为蔬菜利用是以幼嫩的茎叶为产品，国内外一些种植甘薯的地区也有食用茎尖嫩叶和叶柄的传统习性，但对甘薯茎尖菜用品种选育研究较少，利用有性杂交等方法来选育菜用甘薯品种才刚刚起步。针对菜用甘薯最新的国内外相关研究进展、问题，马代夫等提出今后菜用甘薯的育种目标和方向：①营养保健。对蛋白质、维生素 C、多酚和黄酮等营养和保健成分的含量进行定向培育。②优质。外观品质方面要求无蜡质层、无茸毛、头部直立等，食用品质方面要求熟后翠绿色、有香味、无苦涩味等。③高产，多分枝。在选择食用茎尖的同时，增加选择食用叶柄和藤蔓（茎）等部分，从而增加产量。④抗病虫害。主要是增强抗虫性，如抗菜青虫、卷叶螟等。

在栽培方面要达到：①病虫害的无公害防治，以农业防治为基础，优先采用生物防治，协调利用物理防治，科学合理地利用化学防治；②制订出一套标准化栽培技术，如育苗、施肥、栽培密度和采收间隔时间等；③设施周年生产栽培，夏天高温遮阴促成栽培，冬季多层覆盖保护地栽培；④产品的采收要实现半机械化、机械化。

第二章 国内育成的主要菜用甘薯品种特征简介

1. 鄂薯 10 号

鉴定编号：国品鉴甘薯 2013014

作物种类：甘薯

品种名称：鄂薯 10 号（EC01）

选育单位：湖北省农业科学院粮食作物研究所

品种来源：福薯 18 放任授粉

省级审（认、鉴）定或登记情况：无

特征特性：叶菜型品种，株型半直立，萌芽性好，分枝中等；叶片心形带齿，叶色绿色，顶叶、茎色和叶基色均为绿色；薯形长筒形，薯皮淡红色；茎尖无茸毛，烫后颜色翠绿至绿色，有香味，无苦涩味，无甜味，有滑腻感；食味优；抗茎线虫病和蔓割病，感根腐病。

产量表现：2010 年参加国家甘薯菜用型品种区域试验，平均茎尖亩鲜产 1919.4 kg，比对照福薯 7-6 增产 1.96%。2011 年续试，平均茎尖亩鲜产 2182.4 kg，比对照增产 5.21%。2012 年参加生产试验，平均茎尖亩鲜产 2026.2 kg，比对照增产 21.35%。

栽培技术要点：选用茎蔓粗壮、无病虫害、带心叶的顶段苗，适时早插；平畦种植，合理密植，栽植密度 1.3 万～1.7 万株为宜；科学施肥，促进早发快长。栽后 7～10 天用稀薄人粪尿 1000 kg/亩(1 亩≈667 m^2,下同)浇施,栽后约 20 天和 30 天,结合中耕除草,分别用 1000 kg 稀薄人粪尿/亩加配 10 kg/亩尿素和 2 kg/亩氯化钾浇施;采摘后及时补肥,以 5 kg/亩尿素和稀释 2～3 倍的人粪尿 1000 kg/亩浇施,以促进分枝和新叶生长;及时管理,促进分枝,移栽后 12 天左右,应摘心促进腋芽形成侧枝。

鉴定意见:该品种于 2010—2012 年参加全国农业技术推广服务中心组织的全国甘薯品种区域试验,2013 年 3 月经全国甘薯品种鉴定委员会鉴定通过。建议在湖北、浙江、江苏、四川、广东适宜地区作叶菜用品种种植。不宜在根腐病重发地块种植。

2. 鄂菜薯 2 号

品种名称:鄂菜薯 2 号

所属种类:甘薯品种

审定单位:国家品种鉴定委员会鉴定

审定编号:国薯鉴 2015017

选育单位:湖北省农业科学院粮食作物研究所

品种特性:菜用型品种,萌芽性好,半直立型,分枝数类型"中";叶片尖心形,顶叶绿色,成年叶绿色,叶脉绿色,茎蔓绿色;薯形纺锤形,淡黄皮黄肉,结薯集中;茎尖无茸毛,烫后颜色为翠绿色,无苦涩味,有滑腻感;食味鉴定综合评分 75.54 分,高于对照;高抗蔓割病,中抗根腐病,病毒病、食叶害虫、白粉虱和疮痂病危害轻,高感茎线虫病。

产量表现:2012 年参加第一次国家区域试验,平均茎尖亩产 1915.53 kg,较对照减产 2.14%,不显著。2013 年参加国家区域试验,茎尖在十试点平均茎尖产量为 2294.49 kg/亩,比对照平均减产 3.57%。2014 年参加国家生产试验,在济南、溧河、徐州和儋州四个点收获茎尖产量平均为 1920.54 kg/亩，比对照增产 16.5%。

3. 鄂菜薯 1 号

审定编号:鄂审薯 2010001

作物种类:甘薯

品种名称:鄂菜薯 1 号

选育单位:湖北省农业科学院粮食作物研究所

品种来源:W-4×鄂薯 3 号

省级审(认、鉴)定或登记情况:2010 年 4 月通过湖北省农作物品种审定委员会审(认)定

特征特性:基部分枝数 10.8 个，平均茎粗 0.28 cm，叶形心形，顶叶色、叶色、叶脉色、茎色均为绿色，柄基色绿;茎端及表皮无茸毛，最长蔓长 160 cm;薯皮淡红黄色，薯肉橘红色，薯形长纺锤形。

产量表现:2007—2008 年两年平均每公顷产量 9787.50 kg，比对照南薯 88 每公顷增产 2668.05 kg，增产 37.48%。

栽培技术要点:选用茎蔓粗壮、无病虫害、带心叶的顶段苗，适时早插，这样插后发根快，且生长适温期较长，有利于菜薯茎叶充分生长和产量提高。选择肥力较好、排灌方便、富含有机质的土壤，基肥以有机肥(人粪尿、厩肥或堆肥)为主，配合适量化肥;追肥应以人粪尿为主，适当偏施氮肥，以促进茎叶生长，尽快进入生长高峰。

4. 宁菜薯 3 号

品种鉴定编号:国品鉴甘薯 2014008

作物种类:甘薯

品种名称:宁菜薯 3 号(宁菜薯 f18-1)

选育单位:江苏丘陵地区南京农科所

品种来源:福薯 18 混合授粉

省级审(认、鉴)定或登记情况:无

特征特性:茎叶菜用型品种,萌芽性好,短蔓;顶叶浅复缺刻,顶叶、成年叶、叶基、茎蔓均为绿色;薯块纺锤形,薯皮白色或淡土黄色,薯肉淡黄色,茎尖无或偶有茸毛;烫后颜色翠绿至绿色,略有香味,一般无苦涩味;食味较好;高抗蔓割病,中抗根腐病,高感茎线虫病、高感薯瘟病Ⅱ型,中感薯瘟病Ⅰ型。

产量表现:2012—2013 年参加国家甘薯菜用型品种区域试验,平均茎尖亩鲜产 2507.2 kg,比对照福薯 7-6 增产 16.74%。2013 年参加生产试验,平均茎尖亩鲜产 2317.5 kg,比对照增产 19.00%。

栽培技术要点:适宜在排灌水良好、肥力中上的田块栽培;平畦种植行距 20 cm×20 cm,密度每亩 1 万株左右,垄畦留种用密度每亩 4000 株左右;整畦前施用 2000 kg/亩腐熟有机肥作基肥,无有机肥时,撒施 N∶P∶K=15∶15∶15 含硫复合肥 50 kg/亩。薯苗栽插成活后打顶,每隔 8～14 天采收一次。采收宜在早晨进行。主茎或主要分枝长度 15～25 cm 即可采收,保留基部 1～2 个茎节,剪取上部整枝。食用前将基部 3～5 cm 纤维化老茎摘除,保留基部叶片、叶柄及嫩尖待用。薯菜两用种植应留主蔓,且酌情控制采摘量。

鉴定意见:该品种于 2012—2013 年参加全国农业技术推广服务中心组织的全国甘薯品种区域试验,2014 年 3 月经全国甘薯品种鉴定委员会鉴定通过。建议在山东、河南、湖北、江苏、浙江、四川、重庆、福建、广东和海南等地作叶菜用甘薯种植,不宜在茎线虫病和薯瘟病地块种植。

5.薯绿 1 号

鉴定编号:国品鉴甘薯 2013015

作物种类:甘薯

品种名称:薯绿 1 号(徐菜薯 1 号)

选育单位:江苏徐淮地区徐州农业科学研究所、浙江省农业科学院作物与核技术利用研究所

品种来源:台农 71×广菜薯 2 号

省级审(认、鉴)定或登记情况:无

特征特性:叶菜型品种,萌芽性好,株型半直立,分枝多;叶片心带齿,顶叶黄绿色,叶基色和茎色均为绿色;薯块纺锤形,白皮白肉;茎尖无茸毛,烫后颜色翠绿至绿色,无苦涩味,微甜,有滑腻感;食味好;高抗茎线虫病,抗蔓割病,感根腐病。

产量表现:2010 年参加国家甘薯菜用型品种区域试验,平均茎尖亩鲜产 1792.9 kg,比对照福薯 7-6 减产 4.76%。2011 年续试,平均茎尖亩鲜产 2003.9 kg,比对照减产 3.40%。2012 年参加生产试验,平均茎尖亩鲜产 1774.5 kg,比对照增产 11.25%。

栽培技术要点:选择肥力较好、排灌方便、土层深厚、疏松通气、富含有机质的土壤;采用畦栽,株行距 20 cm×20 cm,扦插密度 1.3 万株/亩为宜;植株成活后要及时摘除顶芽,以利于腋芽生长促分枝;以有机肥作基肥,保持土壤湿度 80%～90%,春秋季以大棚栽种为主;每次采摘后,要施肥并灌水。

鉴定意见:该品种于 2010—2012 年参加全国农业技术推广服务中心组织的全国甘薯品种区域试验,2013 年 3 月经全国甘薯品种鉴定委员会鉴定通过。建议在江苏、山东、河南、浙江、四川、广东、福建适宜地区作叶菜用品种种植。

6.宁菜薯 1 号

鉴定编号:国品鉴甘薯 2013016

作物种类:甘薯

品种名称:宁菜薯 1 号(宁菜-2)

选育单位:江苏省农业科学院粮食作物研究所

品种来源:苏薯 9 号放任授粉

省级审(认、鉴)定或登记情况:无

特征特性:叶菜型品种,株型半直立,分枝数中等;顶叶三角深复缺刻形,顶叶和茎色均为绿色,叶基淡紫色;薯块纺锤形,薯皮淡红色;茎尖无茸毛,烫后呈翠绿至深绿色,略有香味和苦涩味,微甜,稍有滑腻感;食味中等;中抗根腐病,中感蔓割病,感茎线虫病。

产量表现:2010 年参加国家甘薯菜用型品种区域试验,平均茎尖亩鲜产 1982.4 kg,比对照福薯 7-6 增产 5.31%。2011 年续试,平均茎尖亩鲜产 2188.5 kg,比对照福薯 7-6 增产 5.50%。2012 年参加生产试验,平均茎尖亩鲜产 2705.6 kg,比对照增产 12.46%。

栽培技术要点:栽种时做 1.2~1.5 m 宽的畦,栽插密度 1.3 万株/亩左右;大田栽培施腐熟厩肥 2 500 kg/亩或三元复合肥 100 kg/亩作基肥;栽种成活后及时摘心以促进分枝;畦面以保持湿润为宜,以确保茎尖的鲜嫩和高产,增加采摘次数;做到及时采摘,以二叶一心至三叶一心采摘为佳,采摘后次日需浇腐熟有机液肥,以利发棵增枝。

鉴定意见:该品种于 2010—2012 年参加全国农业技术推广服务中心组织的全国甘薯品种区域试验,2013 年 3 月经全国甘薯品种鉴定委员会鉴定通过。建议在江苏、山东、河南、浙江、四川、广东、福建适宜地区作叶菜用品种种植。不宜在茎线虫病重发地块种植。

7. 川菜薯 211

品种鉴定编号：国品鉴甘薯 2013017

作物种类：甘薯

品种名称：川菜薯 211

选育单位：四川省农业科学院作物研究所

品种来源：广薯菜 2 号放任授粉

省级审（认、鉴）定或登记情况：无

特征特性：叶菜型品种，株型半直立，分枝中等；叶片心形带齿，顶叶、茎色、叶基色为绿色；薯形纺锤形，薯皮浅红色，薯肉白色；茎尖无茸毛，烫后颜色翠绿至绿色，略有香味，无苦涩味，无甜味，有轻度滑腻感；食味优；高抗蔓割病，感根腐病，高感茎线虫病。

产量表现：2010 年参加国家甘薯菜用型品种区域试验，平均茎尖亩鲜产 1561.6 kg，比对照福薯 7-6 减产 17.05%。2011 年续试，平均茎尖亩鲜产 1894.4 kg，比对照福薯 7-6 减产 8.67%。2012 年参加生产试验，平均茎尖亩鲜产 1560.2 kg，比对照增产 2.07%。

栽培技术要点：适当减少排种量，最好采用高温催芽、地膜覆盖技术，用多菌灵浸种或浸薯苗，防治黑斑病；平畦种植，行距 20 cm×10 cm，密度 1.5 万株/亩左右，薯苗栽插成活后打顶促进分枝，嫩茎蔓长 15 cm 左右可以采收，一般间隔 5～7 天即可采收一次，每条分枝采摘时应留有 1～2 个节，采后加强肥水管理；种薯繁殖，垄作种植，密度 4000 株/亩左右，不采茎叶。

鉴定意见：该品种于 2010—2012 年参加全国农业技术推广服务中心组织的全国甘薯品种区域试验，2013 年 3 月经全国甘薯品种鉴定委员会鉴定通过。建议在四川、湖北、福建、海南、河南适宜地区作叶菜用品种种植。

8.宁菜薯2号

品种鉴定编号:国品鉴甘薯 2012009

作物种类:甘薯

品种名称:宁菜薯2号(宁菜04-2)

选育单位:江苏丘陵地区南京农科所

品种来源:泉薯 830 开放授粉

省级审(认、鉴)定登记情况:无

特征特性:叶菜用品种,株型半直立,萌芽性好,短蔓,分枝数中等;叶片尖心形带齿,顶叶淡绿色,叶基绿色,茎蔓绿色带紫;薯形纺锤形,薯皮黄色;茎尖无茸毛,烫后颜色呈翠绿至暗绿色,略有香味和苦涩味,微甜,稍有滑腻感,烫后绿色较持久;食味较好;中抗根腐病、黑斑病、茎线虫病和蔓割病。

产量表现:2008 年参加国家甘薯菜用型品种区域试验,平均茎尖亩鲜产 2195.34 kg,比对照福薯 7-6 增产 3.10%;2009 年续试,平均茎尖亩鲜产 2461.16 kg,比对照福薯 7-6 增产 5.1%;2011 年参加生产试验,平均茎尖亩鲜产 2253.21 kg/亩,比对照福薯 7-6 增产 5.58%。

栽培技术要点:选择肥力较好、排灌方便、土层深厚、疏松通气、富含有机质的土壤,畦作栽培;一般亩栽插 10000 株为宜,以有机肥作基肥,生长最适温度为 18～30 ℃,保持土壤湿度 80%～90%;及时采摘,一般封行以后,甘薯茎叶就可以开始采摘,尽量缩短和简化产品运输流通时间和环节;采摘完叶片的长蔓应及时修剪,保留 20 cm 以内的分枝,以保证养分充足供应,促进植株分枝及新叶生长。

鉴定意见:该品种于 2008—2011 年参加全国农业技术推

广服务中心组织的全国甘薯品种区域试验,2012 年 3 月经全国甘薯品种鉴定委员会鉴定通过。建议在江苏、山东、河南、浙江、四川、广西适宜地区作叶菜用品种种植。

9.福菜薯 18 号

品种鉴定编号:国品鉴甘薯 2011015

作物种类:甘薯

品种名称:福菜薯 18 号(福薯 18)

选育单位:福建省农业科学院作物研究所,湖北省农业科学院粮食作物研究所

品种来源:泉薯 830×台农 71

省级审(认、鉴)定登记情况:无

特征特性:叶菜型品种,萌芽性好,短蔓;叶心带齿形,顶叶、成叶、叶脉、叶柄、茎蔓均为绿色;薯块下膨纺锤形,黄皮淡黄肉,结薯习性一般;茎尖食味较好;耐湿耐水肥;抗蔓割病,中抗根腐病、茎线虫病,感黑斑病。

产量表现:2008 年参加国家甘薯菜用型品种区域试验,平均茎尖亩鲜产 2690.9 kg,比对照福薯 7-6 增产 24.60%;2009 年续试,平均茎尖亩鲜产 3158.2 kg,比对照福薯 7-6 增产 23.60%。2010 年参加生产试验,平均茎尖亩鲜产 3180.6 kg/亩,比对照福薯 7-6 增产 26.10%。

栽培技术要点:适宜在排灌水良好、肥力中上的田块栽培;平畦种植行距 20 cm×10 cm,密度每亩 2 万株左右,垄畦留种用密度每亩 4000 株左右;整畦时施用 1500～2500 kg 土杂肥(有机肥)作基肥,施肥以有机肥为主;薯苗栽插成活后打顶促进分枝,春、夏季种植要注意及时收成,生育期 120～130 天为宜;栽后 30 天左右用手直接采摘,嫩茎蔓长 15 cm 以内,每条分枝采摘时应留有 1～2 个节,平畦种植凡达到长度的嫩

茎叶均可采收。薯菜两用种植应留主蔓,且酌情控制采摘量。

国家甘薯品种鉴定意见:该品种于 2008—2010 年参加全国农业技术推广服务中心组织的全国甘薯品种区域试验,2011 年 3 月经全国甘薯品种鉴定委员会鉴定通过。建议在福建、广东、广西、浙江、重庆、四川、河南、江苏、山东适宜地区作叶菜用品种种植。

10.广菜薯 3 号

品种鉴定编号:国品鉴甘薯 2011016

作物种类:甘薯

品种名称:广菜薯 3 号(广薯菜 3 号)

选育单位:广东省农业科学院作物研究所

品种来源:高自 1 号放任授粉

省级审(认、鉴)定或登记情况:无

特征特性:叶菜型品种,株型半直立,分枝中等;叶片心带齿,茎尖无茸毛,顶叶、茎色为绿色,叶基紫色;薯形长纺锤形,薯皮白色;茎尖烫后颜色翠绿至绿色,略有香味,无苦涩味,无甜味,无滑腻感;食味较好;抗茎线虫病,中抗根腐病、中抗黑斑病,中感蔓割病。

产量表现:2008 年参加国家甘薯菜用型品种区域试验,平均茎尖亩鲜产 2308.7 kg,比对照福薯 7-6 增产 7.90%。2009 年续试,平均茎尖亩鲜产 2977.7 kg,比对照福薯 7-6 增产 16.60%。2010 年参加生产试验,平均茎尖亩鲜产 2278.6 lg,比对照福薯 7-6 增产 8.15%。

栽培技术要点:选择有灌溉能力的田块为佳,土质以沙壤土较好;选用无虫口的薯块作种薯育苗,假植繁苗后选用嫩壮苗种植;起平畦并施用磷肥 20~30 kg,土杂肥 1000 kg;平畦种植,株行距 20 cm×30 cm,畦宽 100~130 cm,密度每亩

10000 株左右;薯苗成活后摘心打顶促分枝,采收茎尖 15 cm 以内,每条分枝被采摘时应留有 2～3 个节,凡达到适采长度的茎尖均可采收,采收时间以清早为佳;插后 15～20 天,亩穴施尿素 5～10 kg 促壮苗,连续采收 2 次后,每亩穴施尿素 15～20 kg、复合肥 20～30 kg;在生产期间常淋水,要保持畦面土壤湿润。

国家甘薯品种鉴定意见:该品种于 2008—2010 年参加全国农业技术推广服务中心组织的全国甘薯品种区域试验,2011 年 3 月经全国甘薯品种鉴定委员会鉴定通过。建议在广东、福建、广西、浙江、重庆、四川、河南、江苏、山东适宜地区作叶菜用品种种植。

11. 浙菜薯 726

鉴定编号:国品鉴甘薯 2011017

作物种类:甘薯

品种名称:浙菜薯 726(浙薯 726)

选育单位:浙江省农业科学院作物与核技术利用研究所

品种来源:万薯 7 号×宁紫薯 1 号

省级审(认、鉴)定或登记情况:无

特征特性:叶菜用紫薯品种,叶形心型或浅裂,顶叶绿色,成叶、叶脉、叶柄和茎均为绿色;薯块长纺锤形,紫红皮紫肉,结薯性好,鲜薯产量较高;茎尖少量茸毛,烫后颜色绿色,无苦涩味,略带甜味;茎尖食用品质好;抗根腐病,高感茎线虫病、感黑斑病、高感蔓割病;病毒病和白粉虱危害轻,食叶害虫危害中等。

产量表现:2008 年参加国家甘薯菜用型品种区域试验,平均茎尖亩鲜产 2035.0 kg,比对照福薯 7-6 减产 4.40%。2009 年续试,平均茎尖亩鲜产 2642.0 kg,比对照福薯 7-6

增产 3.40％。2010 年参加生产试验,平均茎尖亩鲜产
2081.5 kg,比对照福薯 7-6 增产 2.40％。

栽培技术要点:作菜用宜畦作,密度每亩 12000 株左右;
施肥宜高氮肥、高有机肥,每次采后追施速效氮肥;作薯、菜两
用,宜垄作,密度每亩 4000～5000 株,适当增施氮肥,生长中
期根据市场情况采收数次茎尖,90～120 天收获薯块。

鉴定意见:该品种于 2008—2010 年参加全国农业技术推
广服务中心组织的全国甘薯品种区域试验,2011 年 3 月经全
国甘薯品种鉴定委员会鉴定通过。建议在浙江、福建、广西、
重庆、四川、山东适宜地区作叶菜用品种种植。不宜在蔓割病
发病地块种植。

12. 福薯 7-6

品种鉴定编号:国鉴薯 2005001

作物种类:甘薯

品种名称:福薯 7-6

选育单位:福建省农科院作物研究所

品种来源:"白胜"计划集团杂交

省级审定情况:2003 年 1 月通过福建省农作物品种审定
委员会审定

特征特性:叶菜用型,叶片心脏形,顶叶、叶色、叶脉色及
叶柄均为绿色;短蔓,茎绿色,基部淡紫色,基部分枝 10 个,株
型半直立;单株结薯 3 个左右,薯块纺锤形,粉红皮橘黄肉,结
薯习性好,薯块萌芽性好;鲜嫩茎叶(鲜基)维生素 C 含量
14.87 mg/100 g,粗蛋白(烘干基)30.8％,粗脂肪(烘干基)
5.6％,粗纤维(烘干基)14.2％,水溶性总糖(鲜基)0.06％;茎
叶食味优良;抗疮痂病、不抗蔓割病。

产量表现:2003—2004 年参加国家甘薯叶菜型新品种区

试。2003 年 6 次采摘平均茎尖亩产 705.5 kg,比对照台农 71减产 2.2%。食味鉴定综合评分 4.03 分,居参试品种首位。2004 年 6 次采摘平均茎尖亩产 1965.0 kg,比对照台农 71减产 0.37%。食味鉴定综合评分 4.06 分,居参试品种第二位。两年平均茎尖亩产 1335.25 kg,比台农 71 减产 0.87%。2004 年参加生产试验,三点平均茎尖亩产 1754.2 kg,比对照增产 14.80%。

栽培技术要点:畦作,株行距 20 cm×18 cm,每亩种植1.8 万株左右。返苗后打顶促进分枝,春、夏季种植要注意及时采摘和浇水保湿,秋、冬季种植要注意盖膜保温。

国家甘薯品种鉴定意见:经审核,该品种符合国家甘薯品种鉴定标准,鉴定通过。建议在福建、北京、河南、江苏、四川、广东和广西非蔓割病重发区作叶菜用品种种植。

13. 泉薯 830

品种鉴定编号:国鉴甘薯 2006006

作物种类:甘薯

品种名称:泉薯 830

选育单位:福建省泉州市农业科学研究所

品种来源:龙薯 34×泉薯 95

省级审(认、鉴)定或登记情况:无

特征特性:该品种为叶菜型品种,短蔓较直立,顶叶、嫩叶、叶柄、叶脉均为绿色,叶片尖心形带齿,地上部生长旺盛,单株分枝 8~12 条,基部分枝多,叶片多且肥厚;单株结薯 4~6 个,薯块长纺锤形,淡黄皮黄红肉,薯块产量较高;鲜叶片蛋白含量 4.25%,茎秆蛋白质含量 1.13%,茎尖食味较好;抗根腐病,高感茎线虫病,中抗蔓割病,不抗薯瘟病和病毒病。

产量表现:2003—2004 年参加国家甘薯叶菜型品种区域

试验,2003 年平均茎尖亩产 846.9 kg,比对照台农 71 增产 17.4%。2004 年平均茎尖亩产 2436.13 kg,比对照台农 71 增产 23.52%。2003—2004 年两年平均茎尖亩产 1641.52 kg,比对照台农 71 增产 21.87%。2005 年参加国家甘薯菜用品种生产试验,平均茎尖亩产 1916.10 kg,比对照福薯 7-6 增产 12.36%。

栽培技术要点:本品种萌芽性好,育苗应及时移栽。蔬菜专用亩植 1.3 万~1.7 万株,薯菜两用亩植 5000~6000 株。采摘后及时修剪和补肥,促进分枝。采取小水勤浇的措施进行频繁补水保湿。秋、冬季种植要注意盖膜保温。注意防止甘薯蔓割病、薯瘟病和病毒病发生危害。

国家甘薯品种鉴定意见:该品种于 2003—2004 年参加全国农业技术推广服务中心组织的全国甘薯品种区域试验,2006 年 3 月经全国甘薯品种鉴定委员会鉴定通过。可在福建、广东、广西、江苏、四川、河南、北京作叶菜用品种种植。不宜在甘薯蔓割病、薯瘟病地块种植,注意防止病毒病。

14. 福薯 10 号

鉴定编号:国品鉴甘薯 2008008

作物种类:甘薯

品种名称:福薯 10 号

选育单位:福建省农业科学院作物研究所

品种来源:福薯 7-6/台农 71

省级审(认、鉴)定或登记情况:2008 年福建省农作物品种审定委员会审定

特征特性:菜用型品种,萌芽性好,短蔓,基部分枝 10 个左右,茎绿色,叶心形,顶叶、成叶、叶脉、叶柄均为绿色;薯块纺锤形,白皮白肉,结薯习性中等,单株结薯 3 个左右,大薯率

中等,薯块生育期 140 天左右。茎尖食味有香味、略甜,有滑腻感;食味评分 4.04 分;中抗根腐病和黑斑病,感蔓割病,综合评价抗病性中等。

产量表现:2005 年参加叶菜型组全国甘薯品种区域试验,平均茎尖亩产 1362.94 kg,比对照福薯 7-6 增产 2.72%;2006 年续试,平均茎尖亩产 2055.36 kg,比对照增产 8.30%。2007 年生产试验平均茎尖亩产 2009.4 kg,比对照福薯 7-6 增产 4.26%。

栽培技术要点:选择地段,适时抢晴做畦,种植地段选择水稻田或水源方便肥力中等的田块;施足基肥,氮磷钾配合施用,有机肥深施包心,做好畦时亩用土杂肥 1500~2000 kg,复合肥 30~40 kg,追肥以有机肥为主,结合少量多次施用速效肥,加强水分管理,提高鲜嫩度;合理密植,提高插植质量,一般要求亩插 1.6 万~1.8 万株,薯苗选用具有 5~7 个叶片的一、二段无病壮苗;适时采收,当腋芽顶端伸长 20 cm 左右正值最佳收获适期,收获宜徒手采摘或剪刀采收。

鉴定意见:该品种于 2005—2007 年参加全国农业技术推广服务中心组织的全国甘薯品种区域试验,2008 年 3 月经全国甘薯品种鉴定委员会鉴定通过。建议在福建、广西、四川、河南、江苏种植。不宜在蔓割病重病地种植。

15. 广薯菜 2 号

鉴定编号:国品鉴甘薯 2008009

作物种类:甘薯

品种名称:广薯菜 2 号

选育单位:广东省农业科学院作物研究所

品种来源:湛江菜叶/广州菜叶

特征特性：菜用型品种，萌芽性好，株型半直立，苗期生势较旺，中蔓，分枝较多；顶叶绿色，叶尖心形带齿，叶脉、茎皆为紫色，茎尖无茸毛；薯形纺锤，白皮白肉；幼嫩茎尖烫后颜色绿色，略有香味和苦涩味，微甜，有滑腻感；食味鉴定综合评分4.21分；抗根腐病，抗黑斑病，抗蔓割病，高抗茎线虫病，综合评价抗病性较好。

　　产量表现：2005年参加叶菜型组全国甘薯品种区域试验，平均茎尖亩产1300.88 kg，比对照福薯7-6减产1.95%；2006年续试，平均茎尖亩产1845.13 kg，比对照减产2.8%；2007年续试，平均茎尖亩产1654.22 kg，比对照增产1.55%。2007年在生产试验平均茎尖亩产2117.4 kg，比对照福薯7-6增产6.38%。

　　栽培技术要点：选用无虫口的薯块作种薯育苗，假植繁苗后选用嫩壮苗种植；选择有灌溉能力的田块为佳，土质以沙壤土较好；整地时，起平畦并施用磷肥20～30 kg，若亩加土杂肥1000 kg作基肥可获得较好的茎尖产量及食用品质；平畦种植，株行距20 cm×30 cm，畦宽100～130 cm，每亩种植10000株左右；薯苗成活后摘心打顶促分枝，采收茎尖一般在15 cm以内，每条分枝被采摘时应留有2～3个节，采收时间以清早为佳；插后15～20天，亩穴施尿素5～10 kg促壮苗，连续采收2次后建议每亩穴施尿素15～20 kg、复合肥20～30 kg；在生产期间要常淋水，保持畦面土壤湿润。

　　鉴定意见：该品种于2005—2007年参加全国农业技术推广服务中心组织的全国甘薯品种区域试验，2008年3月经全国甘薯品种鉴定委员会鉴定通过。建议在广东、福建、广西、四川、江苏种植。

16.莆薯53

品种鉴定编号:国品鉴甘薯2009010

作物种类:甘薯

品种名称:莆薯53

选育单位:福建省莆田市农业科学研究所

品种来源:莆薯三号放任授粉

省级审定情况:1986年3月通过福建省农作物品种审定委员会审定

特征特性:该品种作为叶菜用型品种,短蔓半直立型,茎绿色;叶形深复缺刻,顶叶、叶脉、叶柄和茎均为绿色;基部分枝16~21条,单株结薯3~4个,薯块下膨纺锤形,薯皮粉红色,薯肉浅黄色,结薯习性好,上薯率高,薯块萌芽性好;鲜嫩茎叶维生素C含量31.28 mg/100 g,维生素B 10.09 mg/100 g,β-胡萝卜素2.13 mg/100 g,以干样计粗蛋白含量19.5%,磷0.46%,钙0.45%,铁31.75 mg/100 g;茎叶食味优良;感根腐病、黑斑病,高抗茎线虫病。

产量表现:2006—2007年参加国家甘薯叶菜型新品种区试。2006年6~7次采摘平均茎尖亩产2058.33 kg,比对照福薯7-6平均增产8.4%,达极显著水平,居6个参试品种第一位,食味鉴定综合评分3.68(对照福薯7-6为3.73)。2007年6~7次采摘平均茎尖亩产1800.82 kg,比对照平均增产10.55%,达极显著水平,居6个参试品种第一位,食味鉴定综合评分3.59(对照福薯7-6为3.69)。两年平均茎尖亩产1929.58 kg,比福薯7-6增产9.4%。2008年参加国家生产试验,三个点平均茎尖亩产3113.9 kg,比对照福薯7-6增产21.60%。

栽培技术要点:蔬菜专用一般采取平畦种植,每亩种植

1.5万～2.0万株。施足基肥,返苗后打顶追施速效氮肥以促进分枝,春、夏种植要及时采摘,每次采摘后,及时修剪并补肥,并浇水保湿,秋、冬季种植应加盖薄膜保温。薯菜两用种植宜采用垄畦密植,亩种植 5000～6000 株。

国家甘薯品种鉴定意见:该品种于 2006—2008 年参加全国农业技术推广服务中心组织的全国甘薯品种区域试验,2009 年 3 月经全国甘薯品种鉴定委员会鉴定通过。建议在福建、广东、广西、江苏、四川、河南作叶菜用品种种植。

17. 湘菜薯 2 号

品种名称:湘菜薯 2 号

所属种类:甘薯品种

选育单位:湖南省作物研究所

品种来源:湘薯 18 集团杂交

省级审(认、鉴)定或登记情况:2016 年 3 月通过全国甘薯品种鉴定委员会鉴定

特征特性:菜用型品种,短蔓直立型,分枝数多;顶叶色、叶基色和茎色均为绿色,叶心形;薯块纺锤形,粉红皮白肉,单株结薯 4～5 个;茎尖无茸毛,烫后颜色呈翠绿色,微甜有香味,带滑腻感;食味评分较好;湘菜薯 2 号为中抗蔓割病,抗薯瘟病 II 型,病毒病、食叶害虫和白粉虱危害较轻。茎叶采摘期长,茎尖可从 3 月一直采摘到 10 月,菜用口感好,淡甜味,色泽感强,无茸毛,食味评分高于对照福薯 7-6。

产量表现:2011 年鉴定圃试验,茎尖产量 37655.4 kg/hm²,比福薯 7-6 增产 11.10%;2012 年品系比较试验,茎尖产量 36290.4 kg/hm²,比福薯 7-6 增产 10.30%,食叶评分74.26;2013 年在长沙、慈利、浏阳进行多点鉴定试验,平均产量 36234.6 kg/hm²,比对照福薯 7-6 平均增产 10.50%。在济南、

徐州、漯河、成都、重庆、杭州、广州、海南、武汉、福州 10 个地区进行区域试验,2014 年平均产量为 33918.0 kg/hm^2,比对照福薯 7-6 增产 10.67%;2015 年平均产量 39379.95 kg/hm^2,比对照福薯 7-6 增产 8.34%,两年平均茎尖产量为 36648.75 kg/hm^2,比对照福薯 7-6 增产 9.40%。

栽培技术要点:种薯用量 100～150 kg/亩。育苗宜选择地势较高、土层深厚、肥力水平较高、排水良好、管理方便的非连作且无主要病害的地块。按 1.6 m 宽分厢,厢面上以 0.6 m 间距开横排种沟,底肥为复合肥(N∶P∶K=15∶15∶15),条施 50 kg/亩。3 月上旬至中旬即可播种,播后覆土盖膜。栽前深翻晒垡,整地前施用菜枯饼 50 kg/亩,复合肥(N∶P∶K=15∶15∶15)50 kg/亩。耙碎整平,去除杂草,机械或人工起垄(包沟)垄宽 100～120 cm,垄高 15～20 cm。垄上开栽插沟,双行栽插深度 5～6 cm,选茎蔓粗壮、叶片肥厚、无病虫害的薯苗 23～27 cm。插植深度 3～5 cm,覆土 2～3 个节,适宜密度 18000 株/hm^2。浇足压蔸水。茎叶生长盛期结合施肥,早晚勤浇水。

18. 浙菜薯 1 号

作物种类:甘薯

品种名称:浙菜薯 1 号

选育单位:浙江省农业科学院作物与核技术研究所　衢州市农业科学研究院作物研究所

品种来源:浙菜薯 726 放任授粉

省级审(认、鉴)定或登记情况:无

特征特性:菜用型品种,直立型,单株分枝数多,叶片大,茎粗,嫩茎叶长,嫩茎粗壮、叶片硕大,具有极好的商品性,采摘省工省本。浙菜薯 1 号茎尖微有茸毛,烫后颜色翠绿至绿色,略有香味,无苦涩味,无或略有甜味,有滑腻感。食味鉴定综合评分 80 分,高于对照。根据田间观察,浙菜薯 1 号适应性较好,顶芽抽生快,耐肥性好,田间均未发生病害。田间表现中抗根腐病、病毒病,食叶害虫、白粉虱和疮痂病危害较轻。

产量表现:在 2011—2013 年衢州叶菜用型甘薯品比试验中,表现高产稳产,3 年每亩嫩茎尖平均产量 3354 kg,比对照品种福薯 7-6 增产 49.18%,达极显著水平。

栽培技术要点:浙菜薯 1 号宜高肥水高温条件,适宜大棚设施栽培,一次栽插,多次采摘。冬春季栽培宜采用大棚+小拱棚+地膜 3 层保温育苗;春季栽培可采用小拱棚+地膜 2 层保温育苗。苗床宽 1.0 m 左右,深 15～20 cm,床底铺一层有机肥后浇水覆土。选择种薯要求具有本品种典型特征,无病虫害,薯块重 100～250 g。排种密度为薯块间隔 3 cm 左右,种薯排好之后覆土,厚度 2～3 cm,不能超过 5 cm,以免影响出苗。当 60% 薯块出芽后揭掉地膜。晴天气温 20 ℃以上时,打开拱棚膜和大棚膜两端通风,防止高温烧苗,保持床温 25～30 ℃,湿度以床土见干见湿为准。栽种时及时浇水并遮阴保苗,适当稀植。设施栽培选择肥力中等偏上的土地,采用畦作方式,畦宽为 1.2～1.5 m,株距 15～20 cm,行距 30～35 cm,每亩栽插 0.8 万～1.0 万株。

注意事项:主要害虫有斜纹夜蛾、白粉虱,可采用防虫网及在大棚内悬挂性诱剂、杀虫灯、黄板等,还可通过清除杂草及人工灭虫控制虫害。药剂防治病虫害应采用高效低毒的农药,并注意采摘安全间隔期,适时采摘。

鉴定意见:适宜在浙江省及类似地区设施种植。

19.百薯 1 号

鉴定编号:豫品鉴甘薯 2006001

作物种类:甘薯

品种名称:百薯 1 号

选育单位:河南职业技术师范学院

品种来源:安薯 07 自交选育

省级审(认、鉴)定或登记情况:2006 年通过河南省种子管理站鉴定

特征特性:株型半直立,单株分枝 25～30 个,茎蔓细,主蔓长 80～120 cm;叶片小、浅裂单缺刻或尖心形,茎蔓淡紫色,顶叶、叶片及叶脉均呈绿色,全身无茸毛。高抗黑斑病及根腐病,气生根少,耐水肥,生长发育快,结薯多而集中,高产潜力大,夏薯烘干率 25%～26%。薯块长纺锤形,薯皮深红色,表面光滑,无条沟,薯肉淡黄色,质地细嫩,粗纤维少,适合蒸煮熟食,品质较好。耐贮存,萌芽性好,出苗多。田间可自然开花,极少自交结实。适应性广,抗病、抗虫、抗逆能力强。

产量表现:一般产鲜菜 37500～45000 kg/hm^2。

栽培技术要点:茎尖栽培选择水肥条件好的地块种植,多施农家肥,4 月中旬平畦栽插,适宜密度 225000 株/hm^2 左右,5 月上旬开始采摘,以后每隔 10～15 天采摘 1 次,可采摘至 10 月中旬,每次采摘后加强田间管理,随浇水追施尿素 45 kg/hm^2,促进生长,保持土壤湿润,及时松土、除草。为延长甘薯田间生长期和蔬菜供应时间,可采用早春拱棚或延秋大棚种植,如利用加温温室也可以在冬季种植。薯块栽培适宜高水肥地块种植,特别适合黑斑病、根腐病区种植,起垄栽插,春栽密度 60000 株/hm^2,夏栽密度 75000 株/hm^2,调节水肥供应,促进前期茎叶生长,控制中后期旺长,及时中耕除草,

不提蔓、不翻秧。

20. 湘菜薯 1 号

作物种类:甘薯

品种名称:湘菜薯 1 号

选育单位:湖南省作物研究所

品种来源:湘薯 15×湘 86-75

省级审(认、鉴)定或登记情况:无

特征特性:叶形深复缺刻(鸡爪形),顶叶浅绿,叶片绿色、中等大小,叶脉绿带紫色;茎绿色,柄基紫色,中短蔓型,茎粗 0.61 cm 左右;结薯较早,整齐集中,单株结薯 4～5 个,薯块纺锤形,皮红色,肉白色;薯块萌芽性较好,出苗数、采苗量多,耐肥水,茎叶再生能力强。

产量表现:在较好栽培条件下,湘菜薯 1 号每亩每次可采摘茎尖 200 kg,全年采摘 10 次,每亩可采摘茎尖 2000 kg 左右,地下部可收获薯块 1000 kg。

栽培技术要点:可采用温床育苗或露地盖膜育苗。露地盖膜育苗一般 3 月下旬播种,苗床应选背风向阳、土壤肥沃的地块,按 2 m 宽分厢,在厢面上按 0.6 m 宽开播种沟,播种后用土杂肥盖种再培本土。雨后或浇透水后盖膜,出苗后揭膜。及时中耕除草,并每亩追施尿素 15 kg 提苗。甘薯生长要求土层深厚,故大田应垄作。作垄规格为垄宽 1 m(包沟),垄高 33～40 cm,垄面宽 40～50 cm,在垄上开穴,种植双行。应适时早插,长江中下游地区 5 月上中旬可栽插,栽插密度以每亩 4000 株为宜。合理施肥。

21. 阜菜薯 1 号

审定编号:2016-029

作物种类:甘薯

品种名称:阜菜薯 1 号

选育单位:安徽省阜阳市农业科学院

品种来源:阜薯 24 放任授粉

省级审(认、鉴)定或登记情况:2016 年 4 月通过全国甘薯品种鉴定委员会鉴定

特征特性:半直立型,叶片浅缺刻,顶叶、叶片、叶基色、茎色均绿色,分枝数中等,薯块皮红色,薯型纺锤状,薯肉白色。在大多数试点表现无茸毛,烫后颜色翠绿至绿色,入口有滑腻感,个别试点有香味。阜菜薯 1 号中抗黑斑病和薯瘟病,不抗茎线虫病和蔓割病,病毒病、疮痂病、食叶性害虫和白粉虱危害较轻。阜菜薯 1 号烫后呈翠绿色至绿色,略有香味,口感滑腻。

产量表现:2011—2013 年本地试验中,通过 5 次采摘,由于种植较晚,采摘次数较少,表现产量较低,折合每亩产量为 1561.04 kg、1890.69 kg 和 1629.02 kg,产量较对照福薯 7-6 分别增产 29.87%、32.13%和 31.94%,从数据可看出每年产量都较对照高。2014—2015 年参加全国菜用组区试,试验地点包括济南、徐州、漯河、成都、重庆、杭州、广州、儋州、福州和武汉 10 个点,每亩平均茎尖产量为 2202.4 kg,其中在海南、济南和福州的产量表现较为优秀,在 7 个参试品种中综合排名分别为第 3、第 2 和第 3 位,2015 年在武汉试点的产量达到了 3800.66 kg。

栽培技术要点:温度适宜条件下皆可进行种植,冬季采用温室大棚。选择水肥利用方便、无蔓割病、不重茬的地块,选用粗壮、无病虫害、带新叶的顶段苗,利用顶段优势,可促进根叶的生发,垄作畦作均可。栽培密度为 1.8 万株/亩,行距 15 cm,株距 15 cm,扦插是薯苗向上斜插。选择土层深厚、保

水保费、通气性良好、不重茬的沙壤土种植。适当偏施氮肥。

注意事项：防止蔓割病、病毒病的流行传播，生产上采用轮作。采用物理防治和化学防治相结合的方法降低食叶虫的危害。避免使用化学农药。病虫害以防御为主，在夏季尤其注意虫害的发生，及早发现、及早防御。及时采摘，采后做修缮也可在一定程度上防止病虫害的侵染。

22. 福菜薯 22

作物种类：甘薯

品种名称：福菜薯 22

选育单位：福建省农业科学院作物研究所

品种来源：泉薯 830／台农 71、福菜薯 18 号、福薯 7-6 和紫叶薯

省级审（认、鉴）定或登记情况：2016 年 3 月通过国家作物品种鉴定委员会鉴定

特征特性：福菜薯 22 株型短蔓直立，分枝性好，单株分枝数 15～18 条；成叶浅复缺刻，叶片大小中等偏小，顶叶、成叶、叶主脉、叶侧脉、柄基色、脉基色、叶柄、茎均为绿色，茎尖无茸毛，蔓粗中等；结薯习性较好，单株结薯 2～3 个，薯块长纺锤形，薯皮淡黄色，薯肉橙红色；可食茎鲜嫩，口感好，烫后颜色翠绿，有香甜味，无苦涩味，有润滑感；高抗茎线虫病，抗蔓割病，感根腐病，高感黑斑病，高感薯瘟病Ⅰ型、Ⅱ型，病毒病、疮痂病和食叶害虫危害轻。

产量表现：2012 年 8 次采摘平均产量 34111.5 kg／hm²，比对照福薯 7-6 增产 3.30％。2013 年，8 次采摘平均产量为 36349.5 kg／hm²，比对照增产 4.80％。2014—2015 年参加国家甘薯新品种菜用组区域试验，全国 10 个试点 2 年区试茎尖平均产量 37846.8 kg／hm²，比对照平均增产12.97％。2015 年分

别在浙江杭州、湖北武汉和江苏徐州进行生产试验。收获茎尖产量平均为 37673.0 kg/hm²，比对照增产 11.36%。

栽培技术要点：茎叶菜用平畦种植行距 25 cm×20 cm，每亩植 1.3 万株左右，垄畦留种用种植每亩为 0.4 万株。平畦种植按一般育苗圃管理，整畦时施用 1500～2500 kg 有机肥作基肥，薯苗扦插成活后打顶促进分枝，春、夏季种植要注意及时采收，生育期 120～130 天为宜。当外界气温低于 25 ℃，建议利用大棚保温，延长生长期和提高产量。

23. 台农 71

作物种类：甘薯

品种名称：台农 71

选育单位：台湾农科所

特征特性：茎叶嫩绿，叶心形，茸毛少，口感鲜嫩滑爽，既可炒食又可凉拌，营养丰富。菜用品质好过空心菜，短蔓半直立性，基部分枝多达十几个，茎叶再生能力强，薯皮白色，肉淡黄色，块根产量较低。生长期间极少发生病虫害，是天然无污染的绿色蔬菜。

24. 福菜薯 23

作物种类：甘薯

品种名称：福菜薯 23

选育单位：福建省农业科学院作物研究所

品种来源：泉薯 830 计划集团杂交

特征特性：该品种株型半直立，顶叶心形，顶叶紫，茎色紫；薯形纺锤形，薯皮黄色；茎尖有茸毛，烫后颜色暗绿至褐绿，无苦涩味，有滑腻感；食味评分 78.58 分，高于对照；高抗蔓割病和茎线虫病，抗薯瘟病，综合抗病虫性好。

产量表现：2014—2015 年两年每亩平均茎尖产量为

2661.79 kg,比对照增产19.18%。

25.广菜薯5号

作物种类:甘薯

品种名称:广菜薯5号

选育单位:广东省农业科学院作物研究所

审(认、鉴)定或登记情况:2015年通过国家作物品种鉴定委员会鉴定(国品鉴甘薯2015019)

特征特性:该品种株型半直立,分枝多;顶叶浅复缺刻,顶叶、叶基、茎蔓均为绿色;薯形纺锤,薯皮黄白色;茎尖无茸毛,烫后颜色翠绿或绿色,无苦涩味,略有清香,微甜和有滑腻感;食味较好;高抗蔓割病,中抗茎线虫病和根腐病。

产量表现:2012—2013年参加国家甘薯菜用型品种区域试验,平均茎尖亩产2383.95 kg,比对照福薯7-6增产10.43%。

第三章 菜用甘薯健康种苗繁育技术

第一节 甘薯病毒病的危害

甘薯病毒病是甘薯上一类重要病害,在田间症状主要表现为卷叶、花叶、叶片皱缩、叶片黄化、薯块龟裂、丛枝、明脉、黄脉、叶脉突起等症状,多种病毒复合感染时,甘薯表现严重的症状。甘薯病毒病的发病株率一般在 $10.00\% \sim 80.50\%$,部分种植区的发病株率 80.50% 以上。感染病毒病的植株,其块根品质及产量均下降,易感病品种产量降幅达 50.00% 以上,一般品种为 $20.00\% \sim 30.00\%$。目前全世界报道的甘薯病毒病共有 32 种,属于 9 个科,我国鉴定出的病毒病有 20 多种,主要可以分为马铃薯 Y 病毒属(*Potyvirus*)、甘薯褪绿矮化病毒(*Sweet potato chlorotic stunt virus*,SPCSV)、双生病毒(*Geminivirus*)、甘薯病毒病害(*Sweet potato virus disease*,SPVD)。截至 2018 年,我国发现并命名的双生病毒新种 4 个,发现新种占全球已报道双生病毒总数的 33.30%,病毒病发生呈现新趋势。

虽然我国在 20 世纪 50 年代就报道了病毒病的发生和危害,但是直到 20 世纪 80 年代末,才鉴定出侵染我国甘薯的一些病毒病种类。但是作为世界上最大的甘薯生产国,我国甘薯上病毒种类仍旧缺乏系统鉴定,病毒病发生和分布情况尚不清楚,致使生产上对病毒病防治较大盲目性,建立病毒病诊断与防治机制是菜用甘薯进行安全生产的前提,目前尚无对甘薯病毒病有效的化学防治方法,且由于抗原的缺乏我国还没有育成抗病毒病品种,所以目前茎尖脱毒繁育技术是防治甘薯病毒病进行健康种苗生产最有效的措施。

种植健康种苗是防治甘薯病毒病的核心,传统的脱毒甘薯繁育技术包括脱毒试管苗繁育、原原种、原种和生产种四级繁育体系,但是存在诸多问题,必须适应新形势的变化。当前种薯种苗携带病毒是病毒病流行的关键,且病毒种类发生了变化,SPVD 等危险性病毒病增加,良种繁育的目的已经从脱毒为增产向脱毒为防病增产而转变。具体需要注意以下几点:①脱毒试管苗的检测对象和方法必须适应病毒种类的变化;②原种和良种繁育过程中,SPVD 等危险病毒危险加深,原种也可能因为病毒病而绝产。主要应对措施如下:①严控源头,做好试管苗的脱毒与病毒检测工作;②严格隔离,铲除侵染源,减少异地繁种;③加快繁育速度,减少育种代数,减少再感染率;④加强各个繁种环节的监督。

第二节　菜用甘薯脱毒生产技术

菜用甘薯茎尖收获期为 4 月中旬至 10 月下旬(保护地栽培可延长 3 月中旬至 11 月上旬),目前种植户一般均采用无性繁殖的方式达到保苗和扩繁的目标,在长期的无性繁殖过程中,通过薯块和秧苗传播的病毒会聚集,病毒积累随之增多,造成其产量和品质严重下降。另外由于交通日益便利,各地引种调种频繁,南病北移、北病南移现象严重,菜用甘薯种性退化严重。近几年,甘薯病毒病在我国甘薯主产区大面积暴发,一般可使甘薯产量降低 30%～50%,严重时甚至绝产,对安全生产造成严重威胁。利用茎尖脱毒技术繁殖健康种苗是保证菜薯高效生产的关键。菜用甘薯脱毒原种快速繁育技术一般包括以下几个方面。

一、选择优良品种

根据不同的地域特点选择适合当地种植的菜薯品种。除了品种因素外，影响菜薯品质的其他因素主要是生长速度，生长速度越快，口感相对越好。品种的耐渍、耐肥、抗病虫能力，也是选择品种的重要评估因子。

二、脱毒技术

1. 热处理法

热处理法的原理是，加热可以使组成病毒的蛋白质改变性状，且病毒和植物对热的忍耐力也不同，在植物可以忍受的温度范围内使病毒死亡，达到脱除病毒的目的。

2. 茎尖分生组织培养

茎尖培养法又叫分生组织培养法。其原理是植物分生组织的生长速度大于病原菌的扩散速度，且病原菌在植物体内分布不均匀，所以一般分生组织中含少量或者不含病原菌，另外分生组织中不含维管束，病毒颗粒很难到达分生组织，目前这也是进行脱毒苗生产的主要方式。具体操作为：为降低实验材料污染率，需提前将种薯播种至花盆中，并置于 37 ℃ 人工气候培养箱或室外中进行催芽；催芽一般需要提前 30～60 天开始。苗高 20 cm 左右时，选取 2 cm 左右茎段，剪去肉眼可见叶片，自来水冲洗 30 min，70％酒精浸泡 10 s，2％次氯酸钠溶液消毒处理 20 min，无菌水冲洗 3 遍。在超净工作台中体视显微镜下，剥离 0.2～0.3 mm 的茎尖，接种到含有激素的 MS 培养基中。28 ℃、1600 lx 光照条件下 16 h/d,20 天后茎尖开始形成愈伤组织,此时转入普通 MS 培养基上培养 50～60 天,待幼苗长出 5～7 片真叶时进行病毒检测。

3.病毒抑制剂法

病毒抑制剂法的原理是,在三磷酸状态下,病毒抑制剂会阻止病毒 RNA 帽子结构的形成。普遍利用的抗病毒抑制剂有 5-二氢尿嘧啶(DHT),三氮唑核苷(病毒唑),放线菌素-D双乙酰-二氢-5-氮尿嘧啶(DA-DHT),碱性孔雀绿,环己酰胺等。这种方法和茎尖培养法一起使用,对于顽固的,利用单一方法无法去除的病原菌能够快速脱去,而且两者结合,优化实验条件,易于分化成苗,提高存活率。

三、病毒检测

由于甘薯病毒种类繁多,植株症状表现复杂,加强病毒检测是培育甘薯脱毒苗的重要措施,组培苗必须经过严格病毒检测,才能确认为无毒苗。病毒检测常用症状学诊断法、指示植物检测法、血清学检测和 PCR 检测四种方法。

1.症状学诊断法

症状学诊断法需全面观察组培苗长势长相,将长势弱,叶片黄化、黄脉和花叶等症状明显的带毒苗淘汰去除。

2.指示植物检测法

指示植物巴西牵牛(*Ipomoea setosa*)是一种旋花科植物,它能被大多数侵染甘薯的病毒侵染并在其叶片上表现出明显的系统性症状。指示植物检测法将生长可疑的茎尖苗嫁接在巴西牵牛上后查看症状。如有明脉、褪绿斑、花叶等症状,即为带毒苗,将其淘汰去除。具体操作如下:将待测试管苗温室培养长至 4～5 个节,将待检测甘薯植株切下 3～4 个节作接穗,去叶留顶叶,将底端削成楔形,另外以防虫网室中培育的具有1～2片真叶的巴西牵牛作砧木,在其子叶以下的茎(下胚轴)中部切一个长度与楔形长度相近的斜口,把接穗的楔形部分对斜口插入,用封口膜绑扎,置于防虫网室内,随后进行正常的田间管理。嫁接后10～20天,如果接穗带有病毒,巴西牵牛新生叶片上即可出现系统性明脉和褪绿斑等症状,记录发病情况。嫁接时每株牵牛上接一段接穗,每个株系嫁接3～5株巴西牵牛,如果其中有一株巴西牵牛叶片上出现病毒症状,则可认为该株系带有病毒,应全系剔除。如果所嫁接指示植物都未出现病毒病症状,应再取样重新嫁接一次,经两次嫁接,指示植物均未显症者,即可确定为无病毒苗,可进行扩繁生产。该方法灵敏度高,可有效地检测出 SPFMV、SPLV和 SPCSV 等病毒,无需抗血清及贵重设备和生化试剂,方法简便易行,成本低,但所需时间较长,难以区分病毒种类。

3. 血清学检测

利用血清学检测甘薯病毒最适宜的方法是 NCM-ELISA 方法,该方法利用硝酸纤维素膜作载体免疫酶联反应技术,具有特异性强、方法简便、快速等特点,便于大量样本检测。用到的试剂包括:Tris、氯化钠(NaCl)、叠氮化钠(NaN$_3$)、亚硫酸钠(Na$_2$SO$_3$)、脱脂奶粉、Triton X-100、氯化镁(MgCl$_2$·6H$_2$O)、抗血清、羊抗兔 IgG 碱性磷酸酯酶结合物、氮蓝四唑(NBT)、5 溴—4 氯—3 吲哚磷酸(BCIP)、N—N 二甲基酰胺、硝酸纤维素膜等。

缓冲液配制如下:TBS 缓冲液 0.02 mol/L,Tris Base 4.84 g,0.5 mol/L 氯化钠 58.44 g,质量分数为 0.0001 的叠氮化钠 0.4 g,溶解于 1995 ml 蒸馏水中,并用氯化氢(HCl)调节 pH 值至7.5,蒸馏水定容至 2000 ml;提取缓冲液,亚硫酸钠(Na₂SO₃)1 g加 TPS 缓冲液 500 ml;封闭缓冲液,脱脂奶粉 2.4 g,Triton X-100 2.4 ml 加 TPS 缓冲液 120 ml;T-TBS 缓冲液(洗涤用),0.5ml Tween-20,加 TBS 缓冲液 1000 ml;抗体缓冲液,脱脂奶粉 4.8 g,加 TBS 缓冲液 240 ml;AP 缓冲液(基质),0.1mol/L Tris Base 6.05 g,0.1 mol/L 氯化钠 2.92 g,氯化镁 0.51 g,质量分数为 0.0001 叠氮化钠 0.05 g 溶于 450 ml 蒸馏水中,HCl 调节 pH 值至 9.5,定容至500 ml; NBT 及 BCIP 原液的配制(NBT 和 BCIP 均为剧毒物质,取用时须小心,戴手套),NBT 原液,NBT 40 mg 加体积分数为0.7 的 N—N 二甲基酰胺 1.2 ml 混匀,于 4 ℃下避光保存(用深色瓶子或用铝箔包裹);BCIP 原液,BCIP 20 mg 加体积分数为 0.7 的 N—N 二甲基酰胺1.2 ml混匀,4 ℃下避光保存(用深色瓶子或用铝箔包裹)。

　　样品采集与提取,用塑料袋套住需检测的样品,用直径 1 cm的试管或金属笔套隔塑料袋从样品上压下直径为 1 cm 的圆叶片留在袋中,取出多余的叶片,向袋子中加 1 ml 抽提缓冲液,用棒轻轻碾压,把碎叶组织与缓冲液混匀,4 ℃下静置30～40 min,取澄清汁液点样。

　　点样时,将硝酸纤维素膜铺在滤纸上,用干净的灭菌移液管小心地吸取袋中上清液 20～30μl,滴在膜上方格中,每加一个样换一支移液管滴头,直至全部完成后,将膜转到另一张干净的滤纸上,待膜干后进行显色处理。

　　显色处理时,用封闭缓冲液 30 ml 浸泡点样膜,振动孵育 60 min,弃去封闭液;用 30 ml 抗体缓冲液与适量甘薯病毒抗血清混匀(具体量根据抗血清使用说明),将点样膜浸入孵育过夜。第 2 天弃去一抗缓冲液,用 T-TBS 缓冲液 30 ml 振荡洗涤 4 次,每次 3～5 min。将点样膜转入加有酶标记的二抗缓冲液中，振荡孵育 60 min，弃去二抗缓冲液，用T-TBS缓冲液 30 ml 振荡洗涤 4 次，每次 3～5 min，最后用 AP 液 30 ml 洗涤 1 次。现配 NBT/BCIP 底物溶液，AP 缓冲液 100 ml 加入 NBT 原液 300 ml，边搅拌边滴加 BCIP 300μl 混匀。将点样膜放入 25 ml NBT/BCIP 底物缓冲液中显色，振动孵育 30～40 min，终止反应。用蒸馏水洗膜 3 次，每次 3 min。样点反应成蓝紫色的为阳性，表明该样品带有病毒，颜色越深，病毒含量越高。

4. PCR 检测

PCR 检测是目前生产上主要采取的检测手段，主要检测严重威胁甘薯生产的 SPCSV、双生病毒、SPVD 病毒，针对上述三种病毒的不同特性应采取不同的检测方法。

SPCSV 是长线性病毒科（Closteroviridae），毛形病毒属（*Crinivirus*），是唯一侵染甘薯的长线性病毒，由粉虱以半持久方式传播，寄主范围主要是旋花科、茄科和苋科，SPCSV 可使甘薯减产 15%～88%。SPCSV 的检测采用 RT-PCR 方法，具体步骤为，首先利用总 RNA 提取试剂盒，提取甘薯叶片中的总 RNA，利用特异反向引物发转录合成 cDNA 第一条链，利用正向引物 PCR 扩增目的片段，引物序列和扩增方式参照乔奇等 2012 年发表在植物生理学报上的文章。

双生病毒是一种单链环状 DNA 病毒，分布范围广，在全球范围内危害日益猖獗，在非洲、地中海、东南亚、中南美洲及加勒比海地区流行成灾害，其寄主包括多种粮食作物（小麦、薯类等）、经济作物（棉花、烟草、番茄和大豆等），其蔓延速度快，在多种作物和杂草上都有双生病毒发生，且在我国由南向北蔓延加快。双生病毒可以导致甘薯减产 11%～86%。双生病毒是一种 DNA 病毒,首先利用基因组提取试剂盒提取组织中的基因组 DNA,以基因组 DNA 为模板进行 PCR 扩增,引物及 PCR 反应条件参照乔奇等 2012 年发表在植物生理学报上的文章。

SPVD 是甘薯复合病毒,由 SPFMV 和 SPCSV 协生共侵染引起,因此只要在样品中同时检测到二者,则认为感染了 SPVD。感染 SPVD 的甘薯品种表现为叶片扭曲、畸形、叶片褪绿、明脉以及植株矮化等症状。SPVD 开始主要发生在东非、西非和南美,对甘薯产量影响极大,严重时可造成 90% 以上的产量损失,甚至绝收,是甘薯最严重的病害之一,目前已成为影响我国疫区甘薯生产的主要障碍和甘薯产业发展的潜在威胁。针对主要靠粉虱传播的甘薯毁灭性病毒病 SPVD,更换脱毒品种和甘薯苗期保护是疫区预防病害的重要措施。SPFMV 和 SPCSV 均为 RNA 病毒,采用 RT-PCR 方式进行检测,详细可参照乔奇等 2012 年发表在植物生理学报上的文章。

四、脱毒试管苗快速繁殖

脱毒试管苗可以在培养室内进行切段快速繁殖,也可以在防虫温室或网室内栽培,以苗繁苗。室内切段扩繁是将病毒检测确定无病毒的试管苗,在无菌条件下将 5～7 叶的脱毒苗按节切段,移入普通 MS 培养基中,28 ℃,1600 lx 光照条件下 16 h/d,经 3～5 天腋芽萌发,30 天左右成苗,后期可不断切段增殖培养,繁殖系数为 3n,繁殖速度以几何级数增长,一般品种,3 个月内可繁殖大量的脱毒苗。

第三节　菜用甘薯脱毒苗繁殖技术

一、防虫网的建立和要求

建立占大田栽培面积 0.001% 防虫网棚,用 40 目防虫网隔离,每 15 天喷药治蚜治飞虱 1 次,最少喷 8 次,每隔 5～10 m 种 1 株巴西牵牛。

二、隔离区的要求

地势高燥,土壤较肥,最少 5 年以内未种过普通甘薯,无茎线虫病、根腐病、黑斑病等病原菌。

三、防虫温室高倍快繁

将试管苗移栽到营养钵中,室温炼苗 5～7 天,然后按 5 cm×5 cm 的株距栽植脱毒苗,温度控制在 25 ℃ 左右,待苗长到 15～20 cm 时,可剪苗插扦,以苗繁苗。为降低生产成本,提高繁殖倍数,春季气温回升后,可以在防虫塑料大棚内整地施肥,做成 1.5 m 宽的苗床(采苗圃),行株距 15 cm×10 cm,栽植 2 叶节苗,灌水后棚温控制在 17～25 ℃,高于 30 ℃ 及时通风降温。一般每亩采苗圃可栽基本苗万株,苗高 15～20 cm 时,剪苗进行 2 叶节插扦,以苗繁苗。

由于甘薯芽变率比较高,经过病毒检测确认的无毒苗必须进行优良株系评选,其方法是将脱毒苗按株系栽种在防虫网室,从形态、长势、产量等多方面观察评定,选出既符合品种特征特性又高产优质的株系进行扩大繁殖。

脱毒试管苗培养要求仪器设备齐全,技术严格,条件高,投资大,一般生产单位不需要开展此项工作,可以从有条件的科研院所索取已经鉴定确认的脱毒试管苗或原原种直接进行扩大繁殖。

第四节 菜用甘薯脱毒种薯生产技术

一、生产种的繁育时间

选择经检测的无毒苗,以夏薯生产种薯为宜。长江流域一般每年 6 月 10 日前后,开始大田生产,10 月 20 日左右霜降之前开始收获。

二、方式

起垄密植。垄高 30 cm,密度以 25 cm×65 cm,单插为宜。一般每亩插 4000 株。

三、相关注意事项

种植于 1000 m 内无普通甘薯种植的大田中,获取生产种。由于甘薯剪切苗没有根系,主动吸水能力差,在高温干旱条件下很易死亡,但在温度水分条件较好的情况下,扦插 3 天后就发出新根。因此,甘薯种植一般多选择在雨天或雨后扦插,在晴天土壤水分不足的情况下种植,必须要多次浇水活根或一次浇水后遮阴,在干旱条件下种植,就是采取浇水或遮阴措施,薯苗成活率也不高。

从源头控制病毒病扩散,加强病毒病检测,尤其是对双生病毒与 SPVD 病毒的检测,重点防治蚜虫和烟粉虱。在网棚内每隔 5～10 m 种植一些指示植物。每隔 15 天喷洒一次杀虫药剂,防治蚜虫粉虱,以防传毒。杀虫药最好多种药剂轮换使用,以免昆虫产生抗药性。

清除繁种田侵染源:如果种苗不带毒,田间也没有毒源,或虽有侵染源,但没有介体,那么就不会发生病毒病,病毒的活体寄主一般为杂草、近缘植物、上一季作物残株。采取方式主要为及时铲除发病中心,因此需定期逐株观察薯苗的生长情况,一旦发现有病毒症状的薯苗病株要坚决拔除,同时棚内繁殖的所有种薯应降级使用。

增加繁育速度、研发快速繁育技术:可以采用微型薯、高代苗等快速繁育技术,减少繁育代数从而降低病毒病感染概率。

加强各个环节的监测,如传播媒介的数量、带毒率、植株显症率、种薯带毒情况等。

第五节　脱毒繁殖技术相关规程

其他可供参照的脱毒繁殖技术规程如下:

(1)《脱毒甘薯种薯(苗)病毒检测技术规程》(NY/T 4022000)

(2)《脱毒甘薯茎段快繁技术规程》(DB 42/643—2010)

(3)《甘薯脱毒种薯》(NY/T 1200—2006)

(4)《脱毒甘薯种薯(苗)病毒检测技术规程》(NY/T 402—2000)

(5)《脱毒甘薯茎段快繁技术规程》(DB 42/643—2010)

第四章 菜用甘薯高效栽培技术

第一节 菜用甘薯生长发育规律

一、菜用甘薯生长发育及对环境的要求

菜用甘薯喜温暖气候，耐高温，不耐霜，耐湿，耐碱。菜用甘薯不择土壤沙壤性，肥沃、灌排方便即可。生长期要求有充足的光照。

二、菜用甘薯生长发育周期

菜用甘薯的生长期比较长，一般从 4 月上旬栽插完成到10 月下旬霜降之前，只要在适宜的环境条件下，可以无限采摘。

三、菜用甘薯对环境条件的要求

菜用甘薯对温度、水分和光照要求较高，要采用小水勤灌措施，有条件的可采用喷灌补水，保持土壤湿度 80%～90%，茎叶在 18～30 ℃范围内，温度越高生长越快，但高于 35 ℃，生长缓慢，且易老化，光照过强易使茎叶纤维提前形成，含量增加，高温强光情况下采取遮阴降温，可提高菜用甘薯食用品质。

四、菜用甘薯生长发育规律

据王庆南、赵荷娟等对台农 71 研究表明,同一时期同一茎蔓上,不同位置腋芽形成的分枝,其长度及生长速度明显不同,特别是第 4 叶、第 3 叶与第 2 叶、第 1 叶腋芽在分枝长度及生长速度上差异达显著水平,第 2 叶、第 1 叶之间差异不明显。因为部分打顶采摘操作靠近顶端腋芽,顶端腋芽的生长发育受到伤口的影响而减缓,造成顶端第 2 叶腋芽生长超过顶端第 1 叶腋芽。第 4 叶、第 3 叶腋芽分枝长度有一定差异,但两部位分枝生长速度都较慢,差异不显著。总的来说,顶部腋芽分枝具有明显的生长优势,基部腋芽生长缓慢,处于被抑制或休眠状态。当上部分枝采摘后,下部分枝生长速度加快,生长优势相继转移。调查还发现,台农 71 栽后 1～2 个月,株型成丛生状,直径达 35～40 cm,植株进入茎尖高产期。这时,中上部三级分枝有萎缩现象,尤其是植株上部三级分枝生长停滞,部分发黄、萎缩。而薯苗栽插时埋入土中的第 3 节长出的分枝,中后期生长旺盛,产量超过中上部分枝。可能由于中上部分枝过了生长旺盛期,而近地分枝具有营养吸收优势,中后期上部顶端生长优势不复存在,但近地分枝顶端生长优势依然存在。因此,生产上应适当去除那些已过生长旺盛期,并影响中下部位光照与通气的上部分枝。

第二节　菜用甘薯露地栽培技术

一、适宜地区和播种季节

菜用甘薯主要种植在空气湿度大的长江中下游地区以及

长江以南地区。菜用甘薯生长对温度的要求较高，高于 15 ℃
时才能开始生长，18 ℃以上才可正常生长，在 18～36 ℃范围
内，温度越高根系生长越快，在 10 ℃以下茎叶生长明显受阻，
霜冻会冻伤植株地上部或导致全株死亡。因此，菜用甘薯一
般选择在气温达到 13 ℃以上的春天进行种植。

二、栽培技术要点

1. 种苗繁育

菜用甘薯可以通过冬季大棚内老苗越冬留种，春季待老
苗复苏后，新长出的分枝有 7～8 片叶时，便可剪苗移栽。

2. 选用壮苗，合理密植

每年 4—8 月均可栽插，选用茎蔓粗壮、老嫩适度、节间较
短、叶片肥厚、无气生根、无病虫害、带心叶的顶端苗，播后发
根快，且生长适温期较长，有利于茎叶充分生长和产量提高。
栽后 1 周左右，及时查补苗，保证全苗和均匀生长。有利于菜
薯茎叶充分生长和产量提高。菜用甘薯为蔬菜专用薯，一般
栽植密度以 0.8 万～1.0 万株/亩为宜，以平畦种植为好。

3. 栽前苗处理

菜用甘薯定植时，穴施富含放线菌及木霉菌的生物菌肥，
对土传性以及细菌性病害预防效果明显。防治蔓割病用 70%
甲基托布津可湿性粉剂 800～1000 倍液、50%福美双可湿性
粉剂 400～500 倍液交替喷雾，重点喷菜用甘薯苗的根茎部。
用 80%有机铜可湿性粉剂 600～800 倍液、可杀得 2000（氢氧
化铜）可湿性粉剂 1000～1500 倍液防治薯瘟病的发生及危
害。防治甘薯病毒病，一定要及时防治刺吸式口器害虫，如蚜
虫、温室白粉虱、茶黄螨等的危害，用 25%吡虫啉、10%苦参碱

水剂 1000～1200 倍液喷雾防治蚜虫、温室白粉虱,用 2%阿维菌素乳油 2000 倍液防治茶黄螨。菜用甘薯在定植前和定植缓苗后用 5%菌毒清可湿性粉剂 500 倍液、7.5%克毒灵水剂 600 倍液,隔 7～10 天 1 次,连用 3 次。

4.及时打顶

采用摘心技术,促进分枝发生通过摘心,能有效控制蔓长,促进分枝发生,并使株型疏散,改善植株群体受光条件,增强群体光合效能。具体做法为,在薯苗移栽成活后 15 天左右,摘去植株顶心,促进地上部 3 节发芽分枝,待芽长出 3 叶时,进行第二次摘心,促生 9 个分枝。待 9 个分枝长节时再摘心,这样每株先后共长出 27 个分枝,待每个分枝茎尖长到 12 cm 左右时,便可采摘上市,植株封行时分批采摘,每蔓留 1～2 节,以促生新分枝,摘心后浇足水,促进快发。

5.科学施肥,促进早发快长

选择肥力较好、排灌方便、富含有机质的土壤,基肥以有机肥(人粪尿、厩肥或堆肥)为主,配合适量化肥。追肥应以人粪尿为主,适当偏施氮肥,以促进茎叶生长,尽快进入生长高峰。菜用甘薯生长前期植株小,对肥料需求少,宜在栽后 7～10 天用稀薄人粪尿 1000 kg/亩浇施;栽后约 20 天和 30 天,结合中耕除草,分别用 1000 kg/亩稀薄人粪尿加配 10 kg/亩尿素和 2 kg/亩氯化钾浇施;采摘后及时补肥,以 5 kg/亩尿素和稀释 2～3 倍的人粪尿 1000 kg/亩浇施,以促进分枝和新叶生长。

6.及时补水

采取小水勤浇的措施进行频繁补水,有条件的可采用喷灌,保持土壤湿度 80%～90%。水分充足,茎叶在 18～30 ℃范围内温度越高生长越快。

7. 中耕除草

栽插后 15 天至封垄前,一般进行 1～2 次中耕培土,中耕深度一般第一次宜深,以后深度渐浅,畦面宜浅,沟宜深,畦面要锄松实土,即所谓"上浅沟深脚破土"。在生长期间,要及时拔除杂草和进行病虫害防治。如遇干旱,则要灌水抗旱。

8. 适时采摘

菜用甘薯栽后 25 天左右开始封行,已有 10～12 片舒展叶的嫩梢,就可以开始采摘,以后产量逐渐上升。茎叶菜用型甘薯的幼嫩茎组织柔嫩,茎尖生长主要在夜间,采摘宜在早晨日出前进行,此时收获茎尖较脆嫩,同时还应根据蔬菜市场供求情况分期分批采收,以调整价格和保证长期供应,尽量缩短和简化产品运输流通时间和环节。每次茎尖采摘后应加强田间管理工作,采摘当天不宜马上浇水施肥,以利植株伤口愈合及防止病菌从伤口侵染植株。

9. 冬季保苗

由于菜用甘薯主要食用薯尖部分,地下部块根逐渐退化,膨大部分少,因此,在秋后冬初霜降之前,必须将菜用甘薯的薯苗进行保存繁殖用于来年春天扦插种植。在霜降之前,选用茎蔓粗壮、无病虫害、带心叶的顶段苗,移栽到塑料大棚里,按照菜用甘薯栽培的方法和密度进行栽植。为了让薯苗安然度过寒冷的冬天,可以在大拱棚里面搭建小拱棚,对菜薯进行双层膜保护。

第三节　菜用甘薯保护地栽培技术

一、适宜地区和播种季节

为了提前上市,在薯苗充足的前提下,可以采用保护地栽培技术,越冬反季节菜用甘薯的定植时间为 11 月,即当地霜降前后;早春定植时间可以提前到 3 月下旬或者 4 月上旬。

二、保护地栽培类型

保护地栽培分为浮面栽培和设施栽培两大类。浮面栽培就是将覆盖材料直接覆盖在地面上和作物顶部,不需要用骨架结构支撑。如地膜覆盖、遮阳网、丰收布浮面覆盖栽培等。设施栽培是在一定的设施结构内进行作物生产,覆盖材料不是直接覆盖在作物顶部,而是覆盖在一定的建筑框架上,覆盖物与所覆盖的作物保持一定的空间。如温室、大棚、阳畦、防雨棚、暗室、地窖等保护栽培都属设施栽培范围(表 4-1)。

表 4-1　蔬菜保护栽培的设施类型、性能及应用

设施类型	温光性能	主要应用范围
风障畦	减弱风速 10%～15%,提高气温 2～5 ℃	①耐寒性蔬菜越冬栽培; ②春菜提早播种、定植
阳畦	增温 13～15 ℃,最低气温在 2 ℃左右	①耐寒性蔬菜越冬栽培; ②耐寒性蔬菜冬春育苗
改良阳畦	采光最增加,保温能力增强,最低气温在 21 ℃以上,昼夜温差 20℃左右	①耐寒性蔬菜越冬栽培; ②喜温性蔬菜春早熟、秋延迟栽培

续表

设施类型	温光性能	主要应用范围
酿热温床	产热量与酿热材料、酿热物厚度等因素有关	主要用于喜温性蔬菜冬春育苗
电热温床	产热量与单位面积功率数等有关,可自动调控	主要用于喜温性蔬菜冬春育苗
火道温床	产热量与回龙火道的布局、点火时间长短等因素有关	主要用于喜温性蔬菜冬春育苗
小拱棚	一般小拱棚外覆盖草的,气温较露地高 4.2～6.2 ℃,地温高 5～6 ℃,最低气温有时 0 ℃以下	①耐寒、半耐寒等越冬栽培;②春早熟,秋延迟栽培
中拱棚	性能介于大棚与小棚之间,加盖草帘后优于大棚。若采用多层覆盖效果更佳	①耐寒性蔬菜越冬栽培;②蔬菜春早熟、秋延迟栽培
大棚	12 月下旬至 1 月下旬,棚旬均气温多在 0 ℃以下,2 月下旬平均气温回升达 10 ℃以上,3 月中旬达 15 ℃以上,采光最好	①喜湿蔬菜春早熟栽培(可提早 40 天);②秋延迟栽培(秋延后 25天);③采用多层覆盖可进行半耐寒性蔬菜越冬栽培
节能日光温室	冬季最低气温时维持在 10 ℃以上,采光、保温好	①喜温蔬菜越冬栽培;②喜温耐热蔬菜育苗
春型日光温室	冬季最低气温可维持在 0 ℃以上。采光效果不如大棚与冬暖棚,保温效果较好	①半耐寒、耐寒性蔬菜越冬栽培;②喜温蔬菜春早熟.秋延迟栽培
温室	因人工加温,温度可人为调节	①可用于多种蔬菜生产;②主要用于工厂化育苗

注:资料来源于山东农科院蔬菜所陈运启

三、保护地栽培技术要点

1. 种苗繁育

一般菜用甘薯的地下部分不膨大,或者大多生长成柴根或者梗根。因此菜用甘薯可以通过冬季大棚内老苗越冬留种,春季待老苗复苏后,新长出的分枝有 7～8 片叶时,便可剪苗移栽。冬季温室大棚的菜用甘薯薯苗也可以直接从露地大田直接剪苗移栽到温室大棚内。

2. 选用壮苗,合理密植

菜用甘薯的保护地栽培在全年均可进行栽插,选用茎蔓粗壮、老嫩适度、节间较短、叶片肥厚、无气生根、无病虫害、带心叶的顶端苗,播后发根快,且生长适温期较长,有利于茎叶充分生长和产量提高。栽后 1 周左右,及时查补苗,保证全苗和均匀生长。有利于菜薯茎叶充分生长和产量提高。菜用甘薯为蔬菜专用薯,一般栽植密度以 0.8 万～1.0 万株/亩为宜,以平畦种植为好。

3. 田间管理

菜用甘薯保护地栽培田间管理最重要的环节就是根据天气情况要及时注意通风和保温。气温高的时候,要及时通风散热;气温低的时候,要及时保温增暖。

菜用甘薯定植之后,待薯苗开始出现分枝时,要及时进行打顶修枝。摘心促进腋芽形成侧枝,以后每次采摘后要在枝条茎部留 2 个左右的节间,以保证再生新芽采摘,同时还要对母茎进行修枝,去掉底部老茎滋生的畸形小芽,保证群体的通风透光和营养的集中供给。采摘完叶片的长蔓应及时修剪,保留离基部 10 cm 以内且长度在 20 cm 以内的分枝,掌握"留一、保二、不超三"的修剪原则,即留一个主蔓,保二个有效分技,分枝长度不超过 3 cm。隔天待刀口稍干后及时补肥,以保证养分供应,促进分枝及新叶生长。

4. 棚内环境控制

棚内的光照强度一般仅为露地自然条件下的 60%～70%,严重不足的光照会造成枝叶虚旺生长,光合强度降低,影响薯尖质量的提高。因此,要注意控制棚高,一般掌握棚脊不高于 3 m,棚肩控制在 1.2～1.5 m。棚内温度调控:菜用甘薯对低温极其敏感,温度过低会严重影响其生长。一般要求白天温度控制在 15～28 ℃,夜间不低于 12 ℃。棚内温度的调控,夜间主要靠加盖草苫或棚被保温,白天打开气窗通风降温。提高扣棚后地温:扣棚后往往会出现地温与气温不能同时升高的问题,通常是地温较低。地温低常造成萌芽迟缓、不整齐,叶片变黑等后果。棚内空气湿度调控:棚内空气湿度控制在 80%～90%,对菜用甘薯薯尖的口感比较有利。棚内空气湿度调控措施有通风换气、控制灌溉等。

5. 增施 CO_2 气肥

(1)CO_2 气肥对大棚作物的好处。提高植物的光合作用,激发作物生长潜能,迅速提高植物营养吸收率 2.7 倍以上,大大提高作物的增产效果。CO_2 气肥施用于苗期,可促进幼苗苗壮成长,缩短育苗期,增加茎叶重。使作物的抗寒抗病能力大大提高,减少了打药次数,降低了农药残留,还能使棚室温度升高 1.0～1.5 ℃等。

(2)CO_2 气肥施用方法。通常可采用化学方法和生物方法来生成 CO_2,或施用 CO_2 肥料。商品 CO_2 肥料主要有三种形态:

1)固态肥料。可以是干冰(固态 CO_2)或颗粒剂,干冰在常温下即变成 CO_2 气供作物吸收利用。特别要注意,使用时人不能直接与干冰接触,以防受到低温伤害;颗粒剂可直接撒于地面或埋入土中,吸水后产生 CO_2 气体,每亩用量约 40 kg,可在 40 天内连续释放。

2)液态肥料。使用时将装有液态 CO_2 的钢瓶置于保护地内,通过减压阀把 CO_2 气用塑料软管输送到作物能充分利用的部位。软管上每隔 3 mm 打一个孔,离钢瓶由近至远,孔径逐渐加大。钢瓶出口压力为每平方厘米 1.0~1.2 kg,每天释放 6~12 min。

3)气态肥料。双微 CO_2 气是一种生物制品,其颗粒中含有大量微生物,通过发酵产生 CO_2。每平方米穴施 1 粒,深度约 3 cm,每亩施用量不少于 6.7 kg。要求土壤保持适宜的湿度和温度,一次使用可连续释放 30 多天。

此外也可以采用简易的化学方法、有机物燃烧法和秸秆生物反应堆技术。化学方法主要是用稀硫酸与碳酸氢铵作用生成 CO_2,要注意按化学安全操作的要求,先将硫酸慢慢加入水;生物反应堆技术是在温室内四周或定植行下面开沟,铺上秸秆并加拌发酵复合菌剂后掩埋,利用有机物分解释放的 CO_2 作肥料。

6.适时采摘

保护地栽培的菜用甘薯栽后 20 天左右开始封行,已有 10~12 片舒展叶的嫩梢,就可以开始少量采摘,以后产量逐渐上升,茎叶菜用甘薯的幼嫩茎组织柔嫩,茎尖生长主要在夜间,采摘宜在早晨日出前进行,此时茎尖收获较脆嫩,同时还应根据蔬菜市场供求情况分期分批采收,以调整价格和保证长期供应,尽量缩短和简化产品运输流通时间和环节。

7.更换新苗

经过一年的生长,菜用甘薯的老苗生长缓慢。为了能够安然越冬,在每年的 11 月底、12 月初,对温室大棚的老苗子进行更换。将藤蔓剪下,对温室大棚的苗子重新进行移栽,保苗,过冬。

第四节　菜用甘薯施肥技术

　　菜用甘薯根系发达,吸肥力强,且需肥量大。由于需要定期采摘,一般土地的土壤养分满足不了菜用甘薯生长的需要,普遍肥力不足,严重影响菜用甘薯产量,是其单位产量长期不能提高的重要原因之一。菜用甘薯对肥水的要求高,适宜在土层深厚保水保肥性、通气性良好的土壤中生长,在茎叶生长盛期保持土壤湿度 $80\%\sim90\%$,可提高产量和品质。菜用甘薯生产中无论施用农家有机肥,还是速效化肥,也无论施用量的多少,都有明显的增产作用。相同的施肥量,施在产量水平低的地块,比施在产量水平高的地块增产作用大。特别是在瘠薄地里,增施氮素肥料的效果更为明显,说明肥料对缺肥甘薯田产量影响的重要性。但是在高产条件下氮素或某种元素施用过多,各元素间的配比不合理,增产的效果不但不显著,而且会降低甘薯的产量和品质。说明一方面要重视甘薯大面积生产中营养元素的丰缺,增加肥力的投入,另一方面也应科学施肥,经济用肥。要同时做到这两点则需要了解与掌握菜用甘薯的需肥规律与特点及不同产量水平下的需肥量和科学施肥技术。

　　福建省农科院邱永祥研究员的研究表明,氮素对叶菜型甘薯硝酸盐积累有显著的正效应,但对亚硝酸盐含量影响不大,因此要尽量降低氮肥使用量。在较低氮浓度下,鲜嫩茎叶内硝酸盐积累在施氮后 6～8 天达到极值,采摘期在施氮后

8天较为安全。氮素处理对提高植株体内硝酸还原酶（Nitrate Reductase，NR）活性有促进作用，这与各种研究相符。高祖明等研究认为叶菜硝酸盐的积累就内因而言，主要决定于NR的活性，在同一条件下NR活性大，硝酸盐的积累量相应就少。随着氮素浓度提高，甘薯植株体内硝酸盐含量及NR活性同时增加（R＝0.6285）。氮素处理除对叶菜型甘薯硝酸盐积累有较大影响，还对总糖、可溶性蛋白等品质指标有所作用。氮素不利于总糖的积累，随着氮素浓度的增加，植株总糖含量下降；而氮素对可溶性蛋白积累虽有影响，但作用不并明显，通过提高施氮量来提高植株可溶性蛋白含量并不是十分有效的手段。由此可以认为，过高的氮素处理不利于叶菜型甘薯嫩茎叶品质的提高。

一、甘薯需肥规律及特点

1. 肥料对菜用甘薯的作用及缺素诊断

氮：氮是蛋白质和叶绿素等物质的重要组成部分，适当施用氮素肥料，能有效地促进茎叶生长，并使叶色鲜绿，增加绿叶面积，提高光合能力，因而使菜用甘薯茎叶产量增加。

菜用甘薯缺氮，老叶先发黄，以后幼叶变淡，生长缓慢，节间短，茎蔓细，分枝少，茎及叶柄发紫，叶片边缘及主脉均呈紫色，顶梢毛茸较多，老叶不久脱落，最后全株发黄。氮素占甘薯叶片干物质重量的4%以下就表现出缺氮，同化作用所产生的养料多向地上部转移；少于2.5%时就会降低光合强度；少于1.5%时，就会出现明显的缺氮症状。

磷：磷是细胞原生质和细胞核的重要成分之一，能促进细胞分裂，提高养分的合成与运转的能力。施磷可促进根系的发展，改善品质，提高耐贮存性。磷在苗期含量高，各部位都超过干物质重量的 1%，栽秧后迅速下降，大部分生长期间含磷量为 0.3%～0.7%，生长末期为 0.2%～0.3%，当叶片中含量低于 0.1%时出现缺磷症状。

甘薯缺磷，幼芽、幼根生长慢，叶片暗绿或少光泽，茎蔓伸长受阻，茎变细，老叶出现大片黄斑，以后变为紫色，不久脱落。

钾：钾能延长叶的功能期，使叶片保持鲜绿色，从而提高光合强度，促进光合作用形成的碳水化合物向块根输送，提高块根淀粉和糖分的积累速度，加快块根形成层活动的能力，促使块根膨大。钾肥供应充足，能明显提高菜用甘薯块根产量和质量，还能增强细胞保水能力，提高抗旱性。一般以幼嫩叶片含钾多，老叶含钾少。当叶片含钾占干物质重量的 4%以下时，光合强度就要下降。

菜用甘薯缺钾，在生长前期节间和叶柄变短，叶片变小，接近生长点的叶片褪色，叶的边缘呈暗绿色，叶面凹凸不平。生长后期的老叶，在叶脉之间严重缺绿，叶片背面有斑点，茎蔓变短，生长缓慢，叶片不久发黄脱落。缺钾时，由于老叶内的钾能转移给新叶再利用，所以，缺钾的症状往往先从老叶表现出来。

钙：当叶片中含钙量少于 0.2%，就会出现缺钙症，表现为幼芽生长点死亡，叶片小，大叶有褪色的斑点。

硫：当叶片中含硫量少于 0.08%时出现缺硫症，表现为叶片呈灰绿及灰黄色，幼叶尖端发黄，幼叶主脉及支脉呈绿色窄条纹，节间不太短，叶不太小，生长也不慢，但最后全株发黄死亡。

铁：缺铁叶片中度褪色，影响叶绿素和蛋白质的形成，严重时叶片发白。

菜用甘薯对氮、磷、钾三要素需要量以氮最多,钾次之,磷居第三位,所需氮、磷、钾的比例大致为 3 :（0.4～0.9）:（1.5～2.5）。通过大量的试验调查结果表明,在大田生产中,每生产 1 kg 薯尖,需要从土壤里吸收氮 10 g、磷（五氧化二磷）2 g、钾（氧化钾）6.2 g。

生产中可以依据目标产量水平的要求,以及肥料在当地的利用率,肥料的有效含量,土壤的肥料供应能力,计算出合理的肥料用量。目前菜用甘薯对肥料的利用率各地差异较大,根据近几年的经验,可以按氮肥 40%～60%、磷肥 40%、钾肥 40%～50%计算,而土壤中肥料当季供给率可以按氮50%、磷 40%、钾 50%计算。

但是应该强调指出,菜用甘薯薯尖的产量并不是随着肥料用量的增加而直线上升的,即有机肥料报酬的递减现象。随着肥料用量的增加,每单位肥料量所得到的薯尖产量会出现减少的情况,因为这里面还有许多其他因素的限制,比如品种的薯尖产量潜力,光照和温度等条件的作用等。总的说来,施用肥料必须了解菜用甘薯的需肥规律,施肥时还应考虑到多重因素的影响。

2. 菜用甘薯不同生育期对三要素的吸收

菜用甘薯从扦插成活生长到薯尖采摘结束,在整个生长过程中吸收的氮比钾多,吸收的钾又比磷多。菜用甘薯吸收三要素均以茎叶生长盛期以前植株矮小时吸收较少,以后随着植株的生长,茎叶生长旺盛,薯尖采摘开始,吸收养分的速度加快,吸收量逐渐增加,是菜用甘薯吸收营养物质的重要时期,决定着薯尖收获产量。到了生长中后期,温度降低,薯尖可食用部分变老,采摘次数减少,地上茎叶从盛长逐渐转向缓慢,大田叶面积开始下降,黄枯叶率增加,茎叶鲜重逐渐减轻,这时氮肥需求量下降。也就是说,钾在茎叶生长盛期前吸收较少,茎叶生长盛期及回秧期吸收较多;氮在茎叶生长前期、中期、盛期吸收较快,需求量大,回秧期中、后期吸收较慢,需求量少;对磷的需要前、中期较少,后期吸收量较多。

二、菜用甘薯科学施肥技术

菜用甘薯的施肥原则为以农家有机肥为主,化肥为辅;以追肥为主,基肥为辅。农家肥料中厩肥、堆肥、绿肥、土杂肥、草木灰和饼肥等,多属于完全肥料,含有菜用甘薯所需要的多种营养,含有机质较多,施入土壤后在分解过程中产生的腐殖质可提高土壤肥力,能增加沙土的黏性和保水、保肥的能力,还可使黏土变得疏松,改善黏土的通气性。施用农家肥料不但能给菜用甘薯提供所需的养分,还能培肥地力,改良土壤的不良性状。

1. 基肥

施足基肥:菜用甘薯虽具有耐瘠的特性,但其生长期长,采摘次数多,吸肥力强,消耗土壤中的养分多,必须施足基肥(底肥),才能充分发挥其高产特性。据笔者调查统计发现,一般高产田的土壤中含有机质 1.4% 左右,氮 0.05%～0.07%,速效氮 65～70 mg/kg,速效磷 50 mg/kg 以上,速效钾 120 mg/kg。在此基础上每亩产薯尖 4000 kg 以上的高产田也还需施用基础肥补充施纯氮 35 kg、五氧化二磷 20 kg、氧化钾 30 kg。可见,高产菜用甘薯田的施肥水平不比其他作物低,土壤肥力要求也较高。

基肥的种类:菜用甘薯的高产田宜使用猪粪、坑泥和人粪尿等含氮较多的有机肥肥料或者复合肥作为基肥。

基肥的施法:菜用甘薯高产田施基肥多,应当深施与分层施肥相结合。磷肥的溶解度低,磷酸离子在土壤中扩散慢,因此磷肥要深施。多施于菜用甘薯根系旁,集中在的 25～30 cm 土层内,肥料利用率才能高。粗肥迟效肥同样要深施,细肥速效肥则浅施,这样既能促进菜用甘薯前期茎叶生长,中期茎叶稳长,不徒长,又能防止后期脱肥、早衰,确保高产。一般地力或施基肥数量少的地块,应当把全部肥料用作基肥,集中条施在垄底,以收到经济用肥的效果。俗话说"施肥一大片,不如一条线"就是这个道理。

2. 追肥

为了促进菜用甘薯新枝芽快速生长,在薯尖采摘之后 2 天内应进行追肥,追肥的数量最多不超过施肥总量的 20%。如土壤肥力低,基肥施用量少或生长不良时应及早追肥,促使菜用甘薯生长。

(1)催苗肥。在扦插缓过苗后及时进行追施肥,是促使薯苗早发棵,平衡大小株的有效措施。在南方常用人粪尿兑水 2～3 倍,每亩 500～750 kg,栽后浇在幼苗附近。北方地区在栽后追施少量速效氮肥。催苗肥本着小苗弱苗多施,大苗壮苗少施,习惯说法施"偏肥",并且尽可能地早施。一般在秧苗成活后立即追施,"迟追一碗,不如早追一盏",充分说明早施的意义。

(2)壮苗肥。指在茎蔓开始伸长茎叶,开始迅速生长时施用的追肥。能使茎叶早长和早分支,促进薯尖的生长,提早采摘薯尖。壮秧肥以栽后 30～40 天追施少量速效氮肥为宜。

3. 生物菌肥

生物菌肥是以微生物的生命活动导致作物得到特定肥料效应的一种制品,是农业生产中使用肥料的一种。现在在蔬菜的种植过程中被广泛应用。由于耕地的大量减少,为了提高土地的利用率,大部分土地都会进行连作。大量的研究结果表明,连作障碍发生的主要因素是次生盐渍化、养分失调、土壤微生物区系的失调以及植物自毒作用。尤其是土壤微生物区系的失调,导致土壤的生物活性急剧下降,严重影响菜用甘薯的产量和品质。有研究表明,生物菌肥可在一定程度上改善连作土壤环境,促进作物生长发育。因此,在菜用甘薯上施用生物菌肥,不仅能够减少连作对菜用甘薯的危害,还能在一定程度上提高菜用甘薯的产量和品质。

(1)生物菌肥种类。目前,市场上出现的各种生物肥料,实际上是含有大量微生物的培养物。它们可以是粉剂或颗粒,也可以是液体状态。将它们施到土壤里,在适宜的条件下进一步生长、繁殖,一方面可以将土壤中某些难于被植物吸收的营养物质转换成易于吸收的形式,另一方面可以通过自身的一系列生命活动,分泌一些有利于植物生长的代谢产物,刺激植物生长。

(2)生物菌肥施用方法。①作为基肥或者底肥施用:将生物菌肥与有机肥、农家肥或者复合肥混合均匀,撒入地里,然后翻地整地起垄栽插。用量400～500 g/亩。②沾根:将生物有机肥用200倍的清水溶解或者稀释,然后在栽插之前将薯苗沾根半小时。③沟施追肥:将生物菌肥与有机肥或者复合肥或者细土混合,在菜用甘薯垄底开沟均匀施入,然后立即覆土浇水,用量参照基施。④叶面喷施:将生物菌肥用500倍清水溶解或者稀释,用纱布过滤后,用喷雾器均匀地喷施在叶面上。

(3)使用过程中的注意事项。①使用生物肥料要求一定的环境条件和栽培措施,以保证微生物生长繁殖所需要的环境条件,使肥料充分发挥作用。②生物肥料一般不能单独施用,一定要和化肥、有机肥配合施用,只有这样才能充分发挥生物肥料的增产效能。③在生产、运输、贮存和使用过程中注意杀菌条件。

利用土壤中一些有特定功能的细菌而制成的菌肥,具有改良土壤、保护生态环境等明显的生态效益,是 21 世纪生态农业的首选肥料。但长期以来,由于一些菌肥效果不稳定,菌数少,无效和有害的杂菌多,细菌在土壤中成活率低,造成菌肥对作物增产的效果不理想,农民不爱使用。

4.缓释肥

缓释肥料又称缓效肥料(slow available fertilizers)或控释肥料(control release fertilizers)。其肥料中含有养分的化合物在土壤中释放速度缓慢或者养分释放速度可以得到一定程度的控制以供作物持续吸收利用。

(1)缓释肥料的施用目的。①减少肥料养分特别是氮素在土壤中的损失。②减少施肥作业次数,节省劳力和费用。③避免发生由于过量施肥而引起的对幼苗的伤害。

(2)缓效肥料的种类。①难溶于水的化合物,如磷酸镁铵等。②包膜或涂层肥料,如包硫尿素等。③载体缓释肥料,即肥料养分与天然或合成物质呈物理或化学键合的肥料。

(3)缓释肥的施用方法。①作为基肥施用:在整地前,选择金正控释肥(NPK-20-6-19),按照每亩地 40～50 kg 的用量将缓释肥撒入地里,然后深翻起垄。②作为追肥施用:在菜用甘薯生长中期,采摘完薯尖两天后,按照每亩地 20～40 kg 的用量,将缓释复合肥隔行条施入,施入土中的深度在 10 cm 左右,条施后覆土。

第五章 菜用甘薯病害防治

第一节 菜用甘薯病毒病种类

我国甘薯病毒病症状与毒原种类、甘薯品种、生育阶段及环境条件有关,可分 6 种类型。一是叶片褪绿斑点型:苗期及发病初期叶片产生明脉或轻微褪绿半透明斑,生长后期,斑点四周变为紫褐色或形成紫环斑,多数品种沿脉形成紫色羽状纹。二是花叶型:苗期染病初期叶脉呈网状透明,后沿叶脉形成黄绿相间的不规则花叶斑纹。三是卷叶型:叶片边缘上卷,严重时卷成杯状。四是叶片皱缩型:病苗叶片少,叶缘不整齐或扭曲,有与中脉平行的褪绿半透明斑。五是叶片黄化型:形成叶片黄色及网状黄脉。六是薯块龟裂型:薯块上产生黑褐色或黄褐色龟裂纹,排列成横带状或贮存后内部薯肉木栓化,剖开病薯可见肉质部具黄褐色斑块。国际上已报道有 20 余种,我国甘薯上主要毒原有 5 种。*Sweet potato feathery mottle virus* 简称 SPFMV,称甘薯羽状斑驳病毒。病毒粒子弯曲长杆状,长 830~850 nm。其株系有褐裂病毒(SPRCV)、内木栓病毒(SPICV)、褪绿叶斑病毒(SPLSV),其生物学性状和致病性表明它是一种马铃薯 Y 病毒。该病毒可由机械和蚜虫传毒,可侵染甘薯等 8 种旋花科植物。*Sweet potato latent virus* 简称 SPLV,称甘薯潜隐病毒。病毒粒子为弯曲长杆状,长 700~750 nm,蚜虫、粉虱不能传毒。*Sweet potato yellow dwarf virus* 简称 SPYDV，称甘薯黄矮病毒。病毒粒子为弯曲长杆状，长 750 nm，该病毒由机械和青麻粉虱（*Rialeurodes abutionea*）及烟粉虱传毒。*Sweet potato vein clearing virus* 简称 SPVCV，称甘薯明脉病毒。病毒粒子为丝状体，长 850 nm。台湾报道该病毒可由烟粉虱传播，机械不能传染，寄主范围窄。此外，我国福建、台湾还有甘薯丛枝病毒病，是由马铃薯 Y 病毒和类菌原体复合侵染引起的，发病率 10%～80%，严重的造成绝收。甘薯丛枝病毒粒子线状，直径 16～18 nm，具空心结构，长短不一，一般长度 100 nm，最长的可达 6000 nm。类菌原体大小 200～1000 nm。类菌原体也可单独引发丛枝病。除上述毒原外，甘薯上还分离到烟草花叶病毒（TMV）、黄瓜花叶病毒（CMV）、烟草条纹病毒（TSV）等毒原。

1. 甘薯羽状斑驳病毒（SPFMV）

甘薯羽状斑驳病毒（*Sweet potato feathery mottle virus*，SPFMV）是目前已知病毒中最重要的，分布最广的一种病毒。该病毒在热带、亚热带和温带国家都报道过。

甘薯羽状斑驳病毒（SPFMV）侵染甘薯产生的症状：类型多与寄主基因型和环境以及病毒株系或分离物的作用有关。一般品种可在叶片上表现褪绿斑，有的品种表现明脉，紫色素较重的品种可出现紫斑、紫环斑，老叶上症状比较明显。此外，甘薯羽状斑驳病毒的某些株系在一些品种上也可引起薯块表面的褐色开裂或薯块内木栓化坏死。在指示植物巴西牵牛（*Ipomoea setosa*）上则表现明脉、叶脉变色和褪绿斑。甘薯羽状斑驳病毒可通过汁液摩擦、嫁接方式传播，亦可经棉蚜（*Aphis gossypii*）、桃蚜（*Myzus persicae*）、萝卜蚜（*Aerysimi*）等蚜虫以非持久性方式传播，但种子传播的可能性很低。甘薯羽状斑驳病毒粒子为弯曲杆状，为马铃薯 Y 病毒组成员。

该病毒的寄主范围仅限于旋花科和藜科植物,某些株系也感染茄科植物烟草。该病毒体外失活温度为 60～65 ℃,体外存活期不超过 24 小时。

2.甘薯轻斑驳病毒(SPMMV)

甘薯轻斑驳病毒(*Sweet potato mild mottle virus*,SPM-MV)是 1976 年由 Hollings.M 等在非洲从显示斑驳、叶脉褪绿、生长矮缩的甘薯叶片上分离出来的。该病毒不蚜传,不种传,而是以烟粉虱为传媒介体,寄主范围很广,很容易通过汁液传播到多种草本植物上,可侵染 14 个科中的 45 种植物,其中侵染旋花科产生明显的局部斑。该病毒粒体为丝状,长 800～950 nm,基因组为单链 RNA,属马铃薯 Y 病毒科的花叶病毒组(Brunt 等,1996)。

3.甘薯潜隐病毒(SPLV)

甘薯潜隐病毒(*Sweet potato latent virus*,SPLV)最早是由台湾报道,当时被称为甘薯病毒 N(*Sweet potato virus*-N,SPV-N)。该病毒侵染甘薯后多数品种不产生明显的叶部症状,某些品种仅产生轻度的斑驳。它容易通过汁液传播到旋花科、藜科植物、茄科植物。该病毒不被种子携带,但某些株系可以通过蚜虫进行传播。它是一种以隐位方式出现在蚜传的马铃薯 Y 病毒组中的病毒。该病毒丝状粒体长度在 700～750 nm 之间。在血清学上,该病毒与其他侵染甘薯的病毒不同,也与其他马铃薯 Y 病毒组 17 种病毒不同。甘薯潜隐病毒和甘薯羽状斑驳病毒密切相关,同属马铃薯 Y 病毒组中典型的蚜传成员。该病毒能产生胞质内含物,这是马铃薯 Y 病毒组的一个特征。

4.甘薯脉花叶病毒(SPVMV)

甘薯脉花叶病毒(*Sweet potato vein mosaic virus*,

SPVMV)仅在阿根廷报道过。甘薯感染该病毒后表现明显的明脉、花叶和矮化,甘薯结薯较少。寄主范围仅限于旋花科植物,病毒粒体为弯曲杆状,长度 761 nm,明显比 SPFMV 粒体短。可通过机械和蚜虫非持久性传播。

5.甘薯黄矮病毒(SPYDV)

甘薯黄矮病毒(*Sweet potato yellow dwarf virus*,SPYDV)最早是由台湾报道,受病毒侵染的叶片表现为斑驳、褪绿和植株矮化,在肥力较差和低温条件下有利于发病,感病植株的薯块发育不良。该病毒通常与甘薯羽状斑驳病毒混合发生。甘薯黄矮病毒粒体长 750 nm,可通过汁液和白粉虱传播,在被感染的甘薯叶片中形成胞质内含体。

6.甘薯类花椰菜花叶病毒(SPCLV)

甘薯类花椰菜花叶病毒(*Sweet potato caulimo like virus*,SPCLV)最初是从波多黎各的甘薯普利苕品种上分离得到的,其后马德拉岛(非洲)、新西兰、巴布亚新几内亚和所罗门群岛(西太平洋)等地也发现该病毒。受该病毒感染的甘薯不表现典型症状,在嫁接感染的 *Ipomoea setosa* 上早期的症状包括沿次脉再现褪绿斑点和脉间褪绿斑,进而发展成大面积的褪绿,最终导致植株枯萎和幼叶死亡。病毒为直径约 50 nm 的球状粒子,包含一个分子量为 42~44 kD 的多肽和 dsRNA,为典型的甘薯类花椰菜花叶病毒,但有些内含体却相似于联体病毒组,病毒诱导形成纤丝环状内含体。在被感染的植株外皮及维管束薄皮细胞中,该病毒的粒子及由该病毒形成的特征性胞内物质很容易被检测到。超微结构表明,被感染植物的薄壁细胞内含物有时突出,这样易引起相邻的木质部导管发生阻塞而导致感病叶片的萎蔫及脱落。该病毒的传毒媒介尚不清楚。

7.甘薯褪绿矮化病毒(SPCSV)

甘薯褪绿矮化病毒(*Sweet potato chorotic stunt virus*,SPCSV)在世界上分布广泛,亚洲、美洲和非洲的甘薯上均检测到该病毒,而且在血清学反应上密切相关。甘薯褪绿矮化病毒侵染甘薯叶片一般不表现症状,可引起叶脉凹陷。*I. setosa* 感染病毒后,叶片表现变小黄化、脆裂,有时也表现叶片向内卷曲,植株矮化。典型的黄化和矮化症状,在夏季(23～35 ℃)较明显。该病毒为线状粒体,长 850～950 nm,外壳蛋白分子量为 25～34 kD 的多肽。白粉虱可将病毒传播到黄瓜、茄子、番茄、辣椒、冬瓜、豆类、莴苣等植物上。该病毒不能通过蚜虫传播。

8.甘薯褪绿斑点病毒(SPCFV 或 C-2)

甘薯褪绿斑点病毒(*Sweet potato chlorotic fleck virus*,SPCFV)是国际马铃薯中心(CIP)从秘鲁甘薯种质收集库的 DLP942 上分离得到的一种病毒,以前的编码命名为 C-2。在甘薯叶片上表现典型的褪绿斑点,可汁液接种传毒。寄主范围包括旋花科和藜科植物。病毒粒体为丝状,大小为 750～800 nm,外壳蛋白分子量为 34.5 kD,传播介体不明,存在不同株系。

9.甘薯卷叶病毒(SPLCV)

甘薯卷叶病毒(*Sweet potato leaf curl virus*,SPLCV)到目前为止仅在日本和中国台湾发现。该病毒侵染甘薯后,幼叶沿叶脉或叶尖向上卷曲,下表面有轻微突起现象。该病毒在甘薯生育初期及高温季节表现明显,在低温或生育后期有隐症现象。该病毒侵染甘薯后,引起产量明显下降,但对薯块质量则无影响。寄主范围仅限于旋花科植物,在 *I. nil* 及 *I. setosa* 上的反应为叶片向下卷曲、变形。该病毒粒体为双生球形颗粒,其大小为 18～20 nm。传毒媒介昆虫为粉虱,通过嫁接方式可传毒,蚜虫及机械接种不传毒。

10. 甘薯无病症病毒(SPSV)

甘薯无病症病毒(*Sweet potato symptomless virus*,SPSV)是 1991 年日本人分离出来的一种甘薯病毒,该病毒可通过汁液摩擦接种传播,蚜虫不能传播。寄主范围仅限于旋花科甘薯属植物。*I. nil* 被感染时叶片出现明脉、坏死、卷曲,该病毒不侵染 *I. setosa*。该病毒有两种粒体,长度分别为710～760 nm 和 1430～1510 nm,粒体直径为 13 nm。病毒感染的 *I. nil* 汁液稀释至 1∶100～1∶1000 时,在 20 ℃下放置一天即失去侵染活性,失活温度为 70～80 ℃。

11. 黄瓜花叶病毒(CMV)

黄瓜花叶病毒(*Cucumber mosaic virus*,CMV)分布广泛,寄主甚多。被该病毒感染的植株表现严重矮化、褪绿和黄化。只有在植株感染甘薯褪绿矮化病毒(SPCSV)后才会发生CMV 的感染。这表明 CMV 在甘薯中的复制或转移需要另外一种病毒的存在。Wambugu 在肯尼亚和乌干达测定 CMV时,同时发现了其他病毒。该病毒可机械传播和蚜虫以非持久方式传播。

12. C-3

C-3 是国际马铃薯中心分离的新病毒,可能为黄化病毒组成员,既不能机械传播,也不能蚜传。在 *I. setosa* 上引起花叶、畸形和明脉;在 *N. berthamiana* 上引起黄脉、花叶和畸形。C-3 病毒侵染的甘薯分别出现斑驳(CV. *Paramonguino*)和脉间斑驳(CV. *Georgiared*)。嫁接 *I. nil* 不表现症状。

13. 甘薯叶斑病毒(SPLSY 或 C-4)

甘薯叶斑病毒(*Sweet potatoleaf specking virus*,SPISV)

是国际马铃薯中心分离的新病毒。分类暂定为黄症病毒属成员。在甘薯上的症状表现为叶部卷曲及白色叶斑。该病毒导致 *I. nil* 和 *I. setosa* 植株矮化、叶片畸形，形成褪绿斑和坏死斑。可通过嫁接方式传播，但不能机械传播。马铃薯长管蚜（*Macrosiphon enphorbiae*）可以持久性方式传毒，但桃蚜和棉蚜不传播该病毒。该病毒在秘鲁广泛分布。

14. C-6

C-6 是国际马铃薯中心分离出来的病毒，病毒粒体线条状，长 750～800 nm。可通过嫁接传给 *I. setosa*，*I. nil*、*I. batatas* 但不能传给 *D. stura*、*D. stramonium*，*G. globosa* 和马铃薯 DTO33 无性系。该病毒侵染的 *I. setosa* 和 *I. nil* 症状为典型的褪绿斑点和明脉。

15. 甘薯轻斑病毒（SPMSV 或 C-8）

甘薯轻斑病毒是国际马铃薯中心从来自阿根廷的表现褪绿、矮化症状的 *CV. moraea* INTA 上分离得到的，在国际马铃薯中心的编码命名为 C-8。该病毒粒体为线条状，长约 800 nm，桃蚜以非持久性方式传播，可机械传播，寄主范围限于旋花科、藜科和茄科的植物。*I. setosa* 和 *I. nil* 感染后表现明脉、龟裂、叶片变小变形和向下卷曲。

16. 马铃薯纺锤形类病毒（PSTVd）

马铃薯纺锤形类病毒（*Potato spindle tuber viroid*，PSTVd）通过机械接种方式可感染甘薯类植。接种 30 天后在出现生长不良和叶片变小的 *I. setosa* 和 *I. nil* 上可以用 NASH 方法检测到 PSTVd 类病毒。与类病毒感染其他作物相比，PSTVd 在甘薯不结薯的根上可达到较高的浓度。

17. 烟草花叶病毒（TMV）

烟草花叶病毒（*Tobacco mosaic virus*，TMV）侵染甘薯是

山东农科院报道的。该病毒分布广泛,局部侵染心叶烟、曼陀罗、番杏、苋色藜、昆诺藜,系统侵染甘薯、普通烟、番茄、辣椒、*I.setosa* 和 *I.nil*。钝化温度为 90～95 ℃,病毒粒体形态呈直杆状。

18.甘薯环斑病毒(SPRSV)

甘薯环斑病毒是从巴布亚新几内亚的 Wanmum 品种中分离出来的。Wambugu(1991)在肯尼亚检测到该病毒。SPRSV 在 *I.setosa* 叶片上引起不甚明显的斑驳。它可通过汁传播到其他茄科植物上,其中 *N.benthamiana* 和 *N.mega-losiphon* 是最好的繁殖性寄主。通过嫁接接种到 Centenniahe 和 Rose Centennia 两个品种上,该病毒在叶片上出现明显的失绿斑块。该病毒是直径为 28 nm 的球状粒子,可沉淀为 3 个组分,沉淀系数分别为 60 S、90 S 和 132 S,包括 1 个分子量为 56 kD 的简单多肽,中间组分(90 S)和底部组分(132 S)包括 C.6.670 的 ssRNA 和 C.8.448 的核苷酸。尽管该病毒有线虫传球体病毒的典型特征,但该病毒与其他 12 种线虫传球体病毒在血清学上没有关系。该病毒及其组分目前已被确认。

第二节　菜用甘薯病毒病防治方法

一、传播途径和发病条件

薯苗、薯块均可带毒,进行远距离传播。经由机械或蚜虫、烟粉虱及嫁接等途径传播。其发生和流行程度取决于种薯、种苗带毒率和各种传毒介体种群数量、活力、其传毒效能及甘薯品种的抗性,此外还与土壤、耕作制度、栽植期有关。

二、防治方法

(1)选用抗病毒病品种及脱毒苗。

(2)用组织培养法进行茎尖脱毒,培养无病种薯、种苗。

(3)严控源头,做好试管苗的脱毒与病毒检测工作。

(4)严格隔离,铲除侵染源,减少异地繁种。

(5)加快繁育速度,减少育种代数,减少再感染率。

(6)加强各个繁种环节的监督。

(7)加强薯田管理,提高抗病力。

(8)大田发现病株及时拔除后补栽健苗。

第三节　菜用甘薯主要病害种类

一、薯蔓割病

甘薯蔓割病又叫甘薯枯萎病、萎蔫病、茎枯病等。由两种真菌类镰刀菌侵染所引起,一种是甘薯尖镰孢菌(*Fusarium oxysporum* var. *batatae* Wr. Snyder et Hansen),另一种是镰孢菌(*F. bulbigenum* Cooke et Mass. var. *batatas* Wollenw)。该病分布广泛,全国各甘薯生产区均有发生。甘薯苗期发病可减少出苗量,大田期发病越早,产量损失越大。重病田减产可达80%以上。

侵染茎蔓、薯块。苗期发病,主茎基部叶片先发黄变质,有些变形。茎蔓受害,茎蔓的维管束变色,呈黑褐色,裂开部位呈纤维状。病薯蒂部常发生腐烂。横切病薯上部,维管束呈褐色斑点。病株叶片自下而上发黄脱落,最后全蔓枯死。甘薯蔓枯病菌在土壤中可存活3年,土壤、薯苗种薯都可以传病。病菌从伤口侵入,至导管蔓延。在 25 ℃以下温度中发病较慢,30～35 ℃土壤环境中病菌繁殖快。

二、薯瘟病

甘薯瘟病又名甘薯细菌性萎蔫病、甘薯青枯病,是一种毁灭性细菌萎蔫型维管束病害。在长江以南薯区、广西、湖南、江西、福建、浙江、台湾等省(自治区)发生,该病蔓延迅速,传播途径广泛,危害严重,发病轻的减产 30%～40%,重的可有70%～80%,甚至绝收。

甘薯瘟病在育苗期、大田期都会发生,各个时期的症状不同。育苗期:病苗基部,水渍状;纵剖茎蔓,可见维管束由下而上变黄褐色。大田期:叶片暗淡无光泽,晴天中午萎蔫。茎基部和入土茎部,呈明显的黄褐色或黑褐色水渍状,维管束变成条状的黄褐色。薯块轻度感病症状不明显,但拐头部分呈黑褐色,尾根水渍状,手拉易脱皮。中度感病时薯皮呈片状黑褐色水渍状病斑,纵切薯块可见黄褐色条斑,横切则为黄褐色斑点或斑块,有苦臭味,蒸煮不烂,失去食用价值。严重感病的薯块,薯皮发生片状黑褐色水渍状病斑,薯肉为黄褐色,以致全部腐烂,带有刺鼻臭味。

三、黑斑病

病原是甘薯长喙壳菌,属于囊菌亚门真菌。有性态产生的子囊壳生在病斑的中央。子囊壳基部球形,上部具纵行条纹长颈形的颈,内生梨形子囊,每个子囊中生子囊孢子 8 个。子囊孢子单胞无色,壁薄,呈钢盔状圆形。子囊孢子寿命较短,但在贮存时对该病流行具重要作用。菌丝初期无色透明,老熟后变为深褐色,宽为 3～5 μm,寄生在寄主细胞内或细胞间隙。无性态产生分生孢子和厚垣孢子。分生孢子由菌丝顶端或侧面的孢子梗上生成。分生孢子单胞无色,圆筒形至棍棒状或哑铃形,两端多平截,孢子形成后马上发芽,发芽后有时生成一串分生孢子,如此产生 2～3 代后形成菌核。也有的在发芽后形成厚垣孢子。厚垣孢子暗褐色,椭圆形,有厚膜。

　　生育期或贮存期均可发生,主要侵害薯苗、薯块,不危害绿色部位。薯苗染病茎基白色部位产生黑色近圆形稍凹陷斑,后茎腐烂,植株枯死,病部产生霉层。薯块染病初呈黑色小圆斑,扩大后呈不规则形轮廓明显略凹陷的黑绿色病疤,病疤上初生灰色霉状物,后生黑色刺毛状物,病薯具苦味,贮存期可继续蔓延,造成烂窖。症状:主要发生在大田期。危害幼苗,先从须根尖端或中部开始,局部变黑坏死,以后扩展至全根变黑腐烂,并蔓延至地下茎,形成褐色凹陷纵裂的病斑,皮下组织疏松。地上秧蔓节间缩短、矮化,叶片发黄。发病轻的,入秋后秧蔓上大量现蕾开花;发病重的,地下根茎全部变黑腐烂,主茎由下而上干枯,以致全株枯死。病薯块表面粗糙,布满大小不等的黑褐色病斑,初期病斑表皮不破裂,中后期龟裂,皮下组织变黑。无苦味,熟食无硬心和异味。

四、根腐病

　　病原 *Fusarium solani*（Mart.）Sacc. f. sp. *batatas* Mcglure 称茄类镰孢甘薯专化型,属半知菌亚门真菌。有性态为 Nectria sanguea（Bolt）Fr. 称血红丛赤壳菌,属于囊菌亚门真菌。*F. solani* 菌丝稀,呈茸毛或密绒状至絮状,具环状轮统,灰白色;大型分生孢子纺锤形,大小（48.4～59.4）μm×（4.4～5.6）μm,分生孢子梗短,具侧生瓶状小梗;小型分生孢子卵圆形或短杆状,梗较长,单细胞者多,大小（5.5～9.9）μm×（1.7～2.8）μm;

厚垣孢子生在大型分生孢子或侧生菌丝上,单生或两个联生,球形或扁球形,大小 7.1～11.0 μm;菌核扁球形,灰褐色。*N. sanguinea*子囊壳散生或聚生,形状不规则,浅橙色至棕色或浅褐色,大小(289～349) μm×(276～303) μm;子囊棍棒状,内含 8 个子囊孢子,子囊孢子椭圆形至卵形,大小(12.0～14.4) μm×(4.8～6.0) μm。此外有报道(*Fusarium javani-cum*)Koord 称爪哇镰孢也是该病病原。

苗床、大田均可发病。苗期染病病薯出苗率低、出苗晚,在吸收根的尖端或中部出现黑褐色病斑,严重的不断腐烂,致地上部植株矮小,生长慢,叶色逐渐变黄。大田期染病受害根根尖变黑,后蔓延到根茎,形成黑褐色病斑,病部表皮纵裂,皮下组织变黑,发病轻的地下茎近地际处能发出新根,虽能结薯,但薯块小;发病重的地下根茎大部分变黑腐败,分枝少,节间短,直立生长,叶片小且硬化增厚,逐渐变黄反卷,由下向上干枯脱落,最后仅剩生长点 2～3 片嫩叶,全株枯死。

五、茎线虫病

病原 *Ditylenchus destructor* Thorne 称马铃薯腐烂线虫或破坏性茎线虫,属植物寄生线虫。马铃薯茎线虫病又称糠心病、空心病、糠梆子、糠裂皮等,是一种毁灭性病害。主要危害薯块、茎蔓和菌苗。致茎蔓、块根发育不良,短小或畸形,严重的枯死。苗期染病出苗率低、矮小、发黄,纵剖茎基部,内见褐色空隙,剪断后不流白浆或很少。后期染病表皮破裂成小口,髓部呈褐色干腐状,剪开无白浆。茎蔓染病主蔓基部拐子上表皮出现黄褐色裂纹,后渐成褐色,髓部呈白色干腐,严重的基蔓短,叶变黄或主蔓枯死。根部染病表皮坏疽或开裂。块根染病因侵染源不同,症状:出现糠心型、裂皮型及混合型

3种。糠心型菌苗、种薯带有线虫,线虫从病秧拐子侵入到块根,从块根顶端发病,后逐渐向下部及四周扩展,先呈棉絮状白色糠道,后变为褐色,即称核心,有时从外表看不出来,仅重量轻。裂皮型主要由土壤传染,线虫用吻针刺破薯块外表皮,钻入内部危害,初外皮褪色,后变青,有的稍凹陷或生小裂口,皮下组织变褐发虚,最后皮层变为暗紫色多龟裂,内部呈褐白色干腐状。混合型既发生糠心,也出现裂皮。

　　茎线虫可终年繁殖,在甘薯整个生长期及贮存期不断危害。条件适宜时,每雌产卵1～3粒。一生共产100～200粒,从产卵到孵化为成虫需20～30天。该线虫在2～30℃活动,高于7℃即产卵和孵化,25～30℃最适,对低温忍耐力强,－25℃经7 h致死,高于35℃则不活动,在薯苗表层用48～49℃温水浸10 min即死。干燥条件下活1年,在田间土壤中存活3～5年,主要通过种薯、土壤、粪肥及秧苗传播。线虫多以成虫或幼虫在土壤中越冬,从薯块附着点侵入,沿髓或皮层向上活动,营寄生生活。带有茎线虫的薯秧栽到大田后,茎线虫随着传入土,但主要留在薯内活动,到结新薯块后钻入。即使栽植无病秧苗,土壤中的线虫可在栽植后12 h侵入幼苗,从苗的末端自根或所形成的小薯块表皮上自然孔口或伤口直接以吻针刺孔侵入,致细胞空瘪或仅残留细胞壁及纤维组织,薯块呈干腐糠心状。

六、甘薯疮痂病

　　甘薯疮痂病在栽育苗期和大田生长期都有发生,主要危害嫩梢的茎尖和叶片,有时也危害其他茎叶部位。病菌从叶背面蜜腺处开始侵染,起初茎、叶片和叶柄生有红色突起小斑点,逐渐扩大合成大斑,皮层变得扭曲而粗糙,叶片皱缩,茎上的斑点近圆形,形状似疮痂;后期变成淡黄色,扩大后连成一片,颜色变褐,叶片卷缩似木耳,茎秆粗糙僵直。在潮湿环境中,病斑表面出粉红色孢子盘。

甘薯疮痂病菌主要靠病苗、风雨和种薯传播。孢子残存在甘薯茎叶和冬薯茎蔓上过冬,春天开始侵染传播,气温15 ℃以上开始活动,25～26 ℃为发病最适温,我国南方6—9月连阴多雨是发病盛期。

七、甘薯根结线虫病

甘薯根结线虫病俗称地瘟病,靠东海、黄海沿岸发病较多,此病发生面积虽小,但危害大,病区一般减产二成,重者绝收。此病也是植物检疫对象之一,还可危害大豆、南瓜、冬瓜、绿豆、番茄等160余种作物。地下根系变形,地上停止生长,地下受害后支根粗肿,须根丛生,细根上长布虫瘿,薯块畸形,呈龟裂型、棒根型、线根型等状。地上部分则节短、直立、叶黄,干旱时很容易感染此病,如遇降雨,老蔓生新根又继续生长,此病则症状不明显。

此病由甘薯根结线虫寄生引起,害虫可在土壤、薯块及野生寄主上越冬,来年幼虫从幼苗根冠侵入主根内,土壤疏松,含有机质多的沙壤土最适宜根结线虫发育。

第四节　菜用甘薯主要病害防治方法

一、甘薯蔓割病防治方法

(1)加强检疫,种植抗病良种,防止病虫流入和扩散。

(2)严格轮作制度,安排水稻、麦类等旱地作物,进行4年以上轮作制。

（3）温汤浸种，51～54 ℃温水浸种 10 min。

（4）药剂防治：70％甲基托布津兑水 200 倍液浸苗 5 min，或 50％多菌灵兑水 500～1 000 倍液浸苗 8～10 min。

（5）田间发现病株，尽量拔除销毁。

二、薯瘟病防治方法

（1）进行植物检疫是切断发病途径的重要措施。

（2）无病区要自行留种育苗，严防从病区引进种薯和薯苗。

（3）培育无病种苗。首先必须在无病地选留无病薯块和培育无病种苗，使甘薯地尽量做到净地、净苗、净肥、净水，从各方面防止薯瘟病菌的传染。苗床要选远离病区，选择地势较高、排水良好、土质不大黏重的水稻田或新开荒田作苗床，病区应避免在村边地育苗和假植。种植时，要注意剔除病苗，选割无病薯苗栽种。刹苗时间应选晴天的上午 9 时左右进行。凡薯苗叶片萎蔫，薯茎基部已变色腐烂，茎切面变色，不流乳汁或流出不均匀的不能作种苗。剪藤用的刀、剪需用 75％酒精消毒，锄头等农具用 10％石灰水浸 2～3 min，以防污染。

（4）实行轮作。避免连作，病丘最好尽量改种或与水稻轮作 1～3 年。

（5）加强栽培管理。甘薯种植前犁翻晒土 10 天以上，犁耕时每亩可施石灰 75～100 kg，以减少菌源。做好排灌工作，切忌积水淹灌，病田水切勿流入无病田。发现病株，应立即拔除，集中烧毁，并在病穴其四周撒施石灰粉，以控制发病中心。对病穴周围未表现发病症状的植株选用链霉素、青霉素、病毒A 等，兑成 300～500 倍浓度的药液灌兜。注意及时防除小象甲等害虫,以减少传播与发病。

(6)清洁田园。收获时,必须把病藤、病薯等全部集中烧掉或挖坑深埋,不要随便乱丢或倾倒在河、塘、溪、沟内。如作饲料,必须煮熟。如作堆肥,则应堆沤腐熟后施入水田中,不能施在旱地里,以免饲料或粪肥带菌传播。

三、黑斑病防治方法

(1)建立无病留种田,入窖种薯认真精选,严防病薯混入传播蔓延。

(2)种薯用50%多菌灵可湿性粉剂1000倍液浸泡5 min。

(3)薯苗实行高剪后,用50%甲基硫菌灵可湿性粉剂1500倍液浸苗10 min,要求药液浸至种藤1/3~1/2处。

(4)选用抗病品种。

四、根腐病防治方法

(1)适时早栽,栽无病壮苗,深翻改土、增施净肥、适时浇水。

(2)建立三无留种地,培育无病种薯。

(3)与花生、芝麻、棉花、玉米、高粱、谷子、绿肥等作物进行3年以上轮作。

五、茎线虫病防治方法

(1)对种薯进行检疫。

(2)使用净肥,收获后及时清除病残体,以减少菌源。

(3)不要用病薯及其制成的薯干、病秧做饲料,防止茎线虫通过牲畜消化道进入粪肥。

(4)进行轮作,提倡与烟草、水稻、棉花、高粱等作物轮作。

(5)建立无病留种田,选用无病种薯或高剪苗,防止秧苗带线虫。

(6)药剂防治每亩用5%茎线灵颗粒剂1.0～1.5 kg,撒在薯秧茎基部,然后覆土浇水。

六、甘薯疮痂病防治方法

(1)加强检疫,防止带病种薯、种菌传入。

(2)选用抗病品种。

(3)药剂防治。用50%多菌灵可湿性粉剂兑水500～1 000倍液浸种10 min,或20%甲基托布津兑水500倍液浸种10～15 min。大田发病初期用20%甲基托布津或50%多苯并咪唑兑水800～1 000倍液,每亩喷洒70～75 kg,间隔10天,喷施两次。

七、甘薯根结线虫病防治方法

(1)加强检疫,防止带病种薯、种菌传入。

(2)选无病地作为留种地,做到种薯无病,粪干净,地干净。收获期将病原体烧掉或深埋。

(3)同玉米、高粱、谷子轮作,最好3年以上。

(4)选择抗病品种。

(5)可用80%二溴氧丙烷1 500克兑水成100～150 kg液,在栽前20天深施20 cm于沟内,可杀死地下越冬幼虫和虫卵。

第六章 菜用甘薯虫害防治

第一节 菜用甘薯主要虫害种类

1. 烟粉虱

烟粉虱在温暖地区,主要以成虫在杂草和花卉上越冬。春季和夏季迁移至经济作物,当温度上升时,虫口数量迅速增加,一般在夏末暴发成灾。成虫喜在作物幼嫩部产卵,每雌平均产卵 160 粒左右,最高 500 粒以上。成虫寿命一般 14 天左右。

危害特点:烟粉虱在干旱、高温的气候条件下易暴发。适宜的温度范围宽,耐高温和低温的能力较强。发育适宜温度范围在 23~32 ℃,完成 1 个世代所需时间随温度、湿度和寄主有所变化,一般变动在 16~38 天。烟粉虱可在 30 种作物上传播 70 多种病毒,所传病毒基本为 2 个组的病毒:双生病毒组(geminiviruses)和长线形病毒组(closteroviruses)。现已明确的传带病毒有番茄黄叶卷病毒 TYLCV、番茄斑点病毒 ToMoV 和两葫芦叶卷病毒 SqCV、莴苣黄病毒 LIYV 等。

2. 蚜虫

蚜虫俗称腻虫或蜜虫等,隶属于半翅目,前翅 4~5 斜脉,着生于触角第 6 节基部与鞭部交界处的感觉圈称为"初生感觉圈",生于其余各节的叫"次生感觉圈"。蚜虫为多态昆虫,同种有无翅和有翅,有翅个体有单眼,无翅个体无单眼。具翅个体 2 对翅,前翅大,后翅小,前翅近前缘有 1 条由纵脉合并而成的粗脉,端部有翅痣。第 6 腹节背侧有 1 对腹管,腹部末端有 1 个尾片。

危害特点:以成蚜或若蚜群集于植物叶背面、嫩茎、生长点和花上,用针状刺吸口器吸食植株的汁液,使细胞受到破坏,生长失去平衡,叶片向背面卷曲皱缩,心叶生长受阻,严重时植株停止生长,甚至全株萎蔫枯死。蚜虫危害时排出大量水分和蜜露,滴落在下部叶片上,引起霉菌病发生,使叶片生理机能受到障碍,减少干物质的积累。

3. 斜纹夜蛾

斜纹夜蛾[*Prodenia litura*(Fabricius)]又名莲纹夜蛾,幼虫叫夜盗虫、五彩虫、乌蚕、野老虎等,在国内各地都有发生,幼虫是一种杂食性、暴食性害虫,主要发生在长江流域的江西、江苏、湖南、湖北、浙江、安徽,黄河流域的河南、河北、山东等省。成虫体长 14～20 mm,翅展 35～46 mm,体暗褐色,胸部背面有白色丛毛,前翅灰褐色,花纹多,内横线和外横线白色,呈波浪状,中间有明显的白色斜阔带纹,所以称斜纹夜蛾。卵扁平的半球状,初产黄白色,后变为暗灰色,块状黏合在一起,上覆黄褐色绒毛。幼虫体长 33～50 mm,头部黑褐色,胸部多变,从土黄色到黑绿色都有,体表散生小白点,各节有近似三角形的半月黑斑一对。蛹长 15～20 mm,圆筒形,红褐色,尾部有一对短刺。

危害特点:它危害甘薯以吃叶为主,严重时也吃嫩茎或叶柄。对蔬菜中白菜、甘蓝、芥菜、马铃薯、茄子、番茄、辣椒、南瓜、丝瓜、冬瓜以及藜科、百合科等多种作物都能进行危害。在分类中属于鳞翅目夜蛾科。它主要以幼虫危害全株,小龄时群集叶背啃食,3 龄后分散危害叶片、嫩茎,老龄幼虫可蛀食果实。其食性既杂又危害各器官,老龄时形成暴食,是一种危害性很大的害虫。幼虫孵化后,先群集在卵块附近啃吃叶片的下表皮,仅剩上表皮和叶脉形成膜状斑。一受惊动多吐丝下坠。随风飘移他处。2龄以后开始分散。随着虫体长大,食量增加,危害加重,虫口密度大时,可将叶片吃光。3龄以后具有明显的假死性,在大发生时,当一处叶片被吃光时,就成群向他处迁徙继续危害。

4.蚁象

学名 *Cylas formicarium* (Fabricius)属鞘翅目,锥象科。别名甘薯小象甲。分布在江苏、浙江、江西、福建、台湾、湖南、湖北、重庆、广东、广西、贵州、云南、海南。成虫寄主有甘薯、砂藤、蕹菜、五爪金龙、三裂叶藤、牵牛花、小旋花、月光花等,幼虫寄主主要是甘薯的粗茎和块根。

危害特点:成虫在田间或薯窖中嗜食薯块,在受害薯内潜道中残存成虫、幼虫和蛹及排泄物散出臭味,无法食用,损失率30%～70%。

形态特征:成虫体长5.0～7.9 mm,狭长似蚊,触角末节、前胸、足为红褐色至橘红色,具金属光泽,头前伸似象的鼻子,复眼半球形略突,黑色;触角末节长大,雌虫长卵形,长较其余9节之和略短,雄虫末节为棒形,长于其余9节之和,前胸狭长,前胸后端1/3处缩入中胸似颈。鞘翅重合呈长卵形,宽于前胸,表面有不大明显的22条纵向刻点,后翅宽且薄。足细长,腿节近棒状。卵乳白色至黄白色,椭圆形,壳薄,表面具小凹点。末龄幼虫体长5.0～8.5 mm,头部浅褐色,近长筒状,两端略小,略弯向腹侧,胸部、腹部乳白色有稀疏白细毛,胸足退化,幼虫共5龄;蛹长4.7～5.8 mm,长卵形至近长卵形,乳白色,复眼红色。

生活习性:浙江年生 3～5 代,广西、福建 4～6 代,广东南部、台湾 6～8 代,广州和广西南宁无越冬现象。世代重叠。多以成虫、幼虫、蛹越冬,成虫多在薯块、薯梗、枯叶、杂草、土缝、瓦砾下越冬,幼虫、蛹则在薯块、藤蔓中越冬,成虫昼夜均可活动或取食,白天喜藏在叶背面危害叶脉、叶梗、茎蔓,也有的藏在地裂缝处危害薯梗,晚上在地面上爬行。卵喜产在露出土面的薯块上,先把薯块咬一小孔,把卵产在孔中,1 孔 1 粒,每雌产卵 80～253 粒。初孵幼虫蛀食薯块或藤头,有时一个薯块内幼虫多达数十只,少的几只,通常每条薯道仅居幼虫 1 只;浙江 7—9 月,广州 7—10 月,福建晋江、同安一带 4—6 月及 7 月下旬至 9 月受害重;广西柳州 1、2 代主要危害薯苗,3 代危害早薯,4、5 代危害晚薯。气候干燥炎热、土壤龟裂、薯块裸露对成虫取食、产卵有利,易酿成猖獗危害。

5. 甘薯天蛾

学名 *Herse convolvuli*(Linnaeus)鳞翅目,天蛾科。别名旋花天蛾、白薯天蛾、甘薯叶天蛾。分布在全国各地。寄主有蕹菜、扁豆、赤豆、甘薯。

危害特点:幼虫食叶,影响作物生长发育。该虫近年在华北、华东等地区危害日趋严重。

形态特征:成虫体长 50 mm,翅展 90～120 mm;体翅暗灰色;肩板有黑色纵线;腹部背面灰色,两侧各节有白、红、黑 3 条横线;前翅内横线、中横线及外横线各为 2 条深棕色的尖锯齿状带,顶角有黑色斜纹;后翅有 4 条暗褐色横带,缘毛白色及暗褐色相杂。卵球形,直径 2 mm,淡黄绿色。老熟幼虫体色有两种:一种体背土黄色,侧面黄绿色,杂有粗大黑斑,体侧有灰白色斜纹,气孔红色,外有黑轮;另一种体背绿色,头淡黄色,斜纹白色,尾角杏黄色。蛹长 56 mm,朱红色至暗红色,口器吻状,延伸卷曲呈长椭圆形环,与体相接。翅达第 4 腹节末。

生活习性:在北京年发生 1 或 2 代,在华南年发生 3 代,以老熟幼虫在土中 5～10 cm 深处作室化蛹越冬。在北京成虫于 5 月或 10 月上旬出现,有趋光性,卵散产于叶背。在华南于 5 月底见幼虫危害,以 9—10 月发生数量较多,幼虫取食茶菜叶片和嫩茎,高龄幼虫食量大,严重时可把叶食光,仅留老茎。在华南的发育,卵期 5～6 天,幼虫期 7～11 天,蛹期 14 天。

6.甘薯叶甲

学名 *Colasposoma dauricum* Mannerheim,鞘翅目,肖叶甲科。别名甘薯金花虫。国内有两个亚种。分布北起黑龙江、内蒙古、新疆,南至广东、海南,但长江以北居多。甘薯叶甲丽鞘亚种,又称甘薯金花虫。分布偏南,长江以南常见。寄主有甘薯、蕹菜、棉花、小旋花等。

危害特点:成虫危害甘薯、蕹菜幼苗顶端嫩叶、嫩茎,致幼苗顶端折断,幼苗枯死。幼虫危害土中薯块,把薯表吃成弯曲伤痕,影响其生长发育。

形态特征:成虫体长 5～6 mm,宽 3～4 mm,体短宽,体色变化大,有青铜色、蓝色、绿色、蓝紫、蓝黑、紫铜色等。不同地区色泽有异,同一地区也有不同颜色。肩肿后方具 1 闪蓝光三角斑。触角基部 6 节蓝色或黄褐色,端部 5 节黑色,头部生有粗密的点刻,刻点间具纵皱纹,上唇黑色至暗红色;前胸背板宽为长的 2 倍,前角尖锐,侧缘圆弧形,盘区隆起,密布粗点刻;小盾片近方形,鞘翅隆凸,肩肿高隆,光亮,翅面刻点混乱较粗密。甘薯叶甲丽鞘亚种肩肿后方有一闪蓝色光泽的三角斑,此为区别指名亚种的重要标志。卵长圆形,长约 1 mm,初产时浅黄色,后微呈黄绿色。幼虫黄白色,体长9～10 mm,头部浅黄褐色,体粗短呈圆筒状,有的弯曲,全体密布细毛。裸蛹长5～7 mm,初化蛹时白色,后变黄白色,短椭圆形。

生活习性:江西、福建、浙江、四川年生1代,以幼虫在土下15～25 cm处越冬,四川、福建有的在甘薯内越冬,浙江尚见当年羽化成虫在石缝及枯枝落叶里越冬。浙江幼虫在翌年5月下旬始蛹,6月中旬进入盛期,6月下旬成虫盛发,大量危害。7月上中旬交尾产卵,成虫羽化后先在土室里生活几天,后出土危害,尤以雨后2～3天出土最多,10时和16—18时危害最烈,中午隐蔽在土缝或枝叶下。每雌平均产卵118粒,多的600粒。成虫飞翔力差,有假死性,耐饥力强,成虫寿命雌34天,雄53.5天,产卵前期10天,产卵期21天,卵期9天。初孵幼虫孵化后潜入土中啃食薯块的表皮,相对湿度低于50%,幼虫停止活动,土温低于20 ℃,幼虫钻入土层深处造室越冬,蛹期15天左右。

7.甘薯小龟甲

学名 *Taiwania circumdata*(Herbst),鞘翅目,龟甲科。别名甘薯台龟甲、甘薯青绿龟甲。分布在福建、台湾、海南、广东、广西、云南、贵州、四川、江西、湖南、湖北、浙江、江苏等地。寄主有甘薯、蕹菜及旋花科植物。

危害特点:成、幼虫食叶成缺刻或孔洞。

形态特征:成虫体长4.2～5.6 mm,半圆球形,体背拱隆,黄绿色至青绿色,具金属光泽,前胸背板、两鞘翅四周全向外延伸成"龟"状,延伸部分具网状纹,前胸背板后方中央有2条紧靠的黑斑纹,有的合并在一起,鞘翅背面隆起处边缘有一黑色至黑褐色"V"形斑,中缝处有1纵纹,粗细不等,有的消失。触角11节,浅绿色,有的末端有2～3节黑褐色,向后伸过鞘翅肩角处。卵长 1 mm 左右,深绿色,长椭圆形。末龄幼虫体长 5 mm,长椭圆形,体背中间生隆起线,虫体四周生棘刺16 对,前边 2 个同生在一个瘤上,后边 2 个很长,为其余棘刺的 2 倍,1 对尾须。蛹长 5 mm 左右,体扁长方形,浅绿色,前胸背板大,四周具小刺,头部隐蔽在其下。1～5 腹节两侧有扁平大棘突 1 个。

生活习性:浙江年生 4 代,江西、湖南 4～5 代,四川 5 代,福建 6 代,广东 5～6 代,以成虫在杂草下、枯叶下、石缝或土缝中越冬,浙江气温 14 ℃ 以上时,越冬成龟甲到甘薯苗上危害,5 月中下旬繁殖第 1 代,各代成虫盛发期如下:1 代 6 月下旬至 7 月上旬,2 代 7 月下旬,3 代 8 月中下旬,4 代 9 月下旬至 10 月上旬,于 10 月下旬至 11 月中旬开始越冬。每年 6 月中下旬至 8 月中下旬受害重。羽化后 1～2 天后开始取食,寿命长,浙江 1 代 29 天,2 代 63 天,3 代 74 天,4 代 181 天。羽化后一周交尾产卵,产卵期长,福建晋江 6～103 天,每雌产卵量 497～697 粒,少者 35 粒,最多 2315 粒,卵散产在叶脉附近,幼虫共 5 龄,老熟幼虫于薯叶荫蔽处不食不动,经 1～2 天尾部黏附在叶背面化蛹,蛹期 5～9 天。

8.甘薯灰褐羽蛾

学名 *Pterophorus monodactyl* Linnaeus,属鳞翅目,羽蛾科。别名甘薯羽蛾。分布在我国华北地区、欧洲、非洲、北美。寄主甘薯。半透明状的孔洞或咬穿呈不规则的破洞,很少从叶缘取食。

形态特征:成虫体长 9 mm,翅展 20～22 mm,体灰褐色,触角淡褐色,唇须小,向前伸出。前翅灰褐色披有黄褐色鳞毛,自横脉以外分为 2 支,翅面上具 2 个较大黑斑点,后缘具分散的小黑斑点。后翅分为 3 支,周缘缘毛整齐排列,腹部前端有三角形白斑,背线白色,两侧灰褐色,各节后缘有棕色点。雄性外生殖器孢器,右瓣狭长,左瓣椭圆形,顶端生满刺。雌性外生殖器仅具表皮突 1 对。卵翠绿色,扁圆形,表面具小刺,近孵化时变为褐绿色。末龄幼虫体长 9~11 mm,头褐绿色,隐在前胸背板下。体浅绿色,背线深绿,亚背线至气门下线间黄绿色,腹面浅黄色;各体节毛序处具黄色斑点和毛瘤,毛瘤上具数根褐绿色长毛,气门浅黄色。胸足浅绿色,端部褐色,腹足褐绿色细长。蛹长 7~8 mm,腹面扁平,纺锤形,浅绿色,复眼红褐色。

生活习性:北京年生 2 代,以蛹越冬。幼虫 4 龄,1 龄3~5天,2 龄 3~4 天,3 龄 3~4 天,4 龄 5~6 天,幼虫老熟后移至主脉附近结茧化蛹,蛹期 5~7 天,成虫多在 5—8 时羽化,经3~5 h交配后,喜在 14 时飞舞在薯田产卵,成虫趋光性强,卵多产在甘薯嫩梢及嫩叶背面主脉附近,一般每叶只产 1 粒。卵期 3~4 天。

第二节 菜用甘薯主要虫害防治方法

一、烟粉虱防治方法

(1)农业防治。对粉虱的防治,首先应注意培育"无虫苗",把苗房和生产温室分开,育苗前彻底熏杀残余虫口,彻底清除杂草残株,在通风口密封尼龙纱,控制外来虫源。在温室、大棚附近避免种植黄瓜、番茄、菜虫粉虱发生危害严重的蔬菜,以减少虫源。

(2)诱杀成虫。粉虱对黄色有强烈趋性,可在温室内设置黄板诱杀成虫。方法是用 1 m×0.2 m 的硬纸板或纤维板,用油漆涂为橙黄色,然后涂上机油置于行间,可与植株高度相同,每公顷设置 480～510 块。当白粉虱粘满时,应及时重涂机油,一般 7～10 天重涂 1 次。

(3)生物防治。可人工繁殖释放丽蚜小蚜。每 2 周放 1 次,共 3 次释放丽蚜小蜂成蜂,可在温室内建立种群并能有效地控制温室白粉虱的危害。

(4)化学防治。常用药剂有 25％扑虱灵可湿性粉剂(每 100 L水加 50～70 g 喷雾)、1.8％阿维菌素乳油 450～600 ml/hm²、10％吡虫啉可湿性粉剂 37.5～75.0 g/hm²、3％啶虫脒乳油 37.5～75.0 ml/hm²,均对粉虱有特效,2.5％联苯菊酯乳油、2.5％功夫菊酯乳油、4.5％高效氯氰菊酯乳油、25％阿克泰水分散性粒剂等亦有较好的效果。温室中可采用熏蒸法或烟雾法,杀灭粉虱成虫,效果较好。

二、蚜虫防治方法

(1)农业防治。选择抗病品种,甘薯苗床地应尽量远离十字花科蔬菜地、留种地及桃、李等果园,以减少蚜虫的迁入。结合积肥清除杂草。甘薯收获后,及时处理残株败叶,结合中耕打去老叶、黄叶,间去病虫苗,并立即清出田间加以处理,可消灭大部分蚜虫。

(2)物理机械防治。利用以上 3 种蚜虫对银灰色有负趋性的特点,用银灰色塑料薄膜遮盖育苗,可以达到育苗阶段避蚜的目的。尤其对预防蚜虫早期传播病毒病效果较好。此法也可用于大田。此外,还可用黄皿或黄色板诱杀蚜虫。

(3)化学防治。由于蚜虫繁殖快,蔓延迅速,所以化学防治必须及时、准确、周到。同时兼治菜蛾、菜青虫等害虫。可以选择下列农药:50％抗蚜威 500～800 g/hm²,10％吡虫啉可湿性

粉剂 200～300 g/hm²,3％啶虫脒乳油 600～750 ml/hm²,40％
乐果 1.2～1.5 kg/hm²,2.5％溴氰菊酯 300～400 ml/hm²,
2.5％功夫菊酯 150～300 ml/hm²,10％氯氰菊酯乳油 250～
450 ml/hm² 等,效果均较好。

三、斜纹夜蛾防治方法

夜蛾盛发期在甘薯地寻找叶背上的卵块,连叶摘除。用
黑光灯诱杀成虫。幼虫 2 龄以前,用 50％辛硫磷乳剂 1000 倍
液,或 50％杀螟松乳剂 1000 倍液喷洒。

四、蚁象防治方法

(1)严格检疫、防止扩散。

(2)甘薯收获后,清除有虫薯块、茎蔓、薯拐等,集中深埋
或烧毁。

(3)实行轮作,有条件地区尽量实行水旱轮作。

(4)及时培土,防止薯块裸露,注意选用受害轻的品种和
地块。

(5)化学防治。①药液浸苗。用 50％杀螟松乳油或 50％
辛硫磷乳油 500 倍液浸湿薯苗 1 min,稍晾即可栽秧;②毒饵
诱杀。在早春或南方初冬,用小鲜薯或鲜薯块、新鲜茎蔓置入
50％杀螟松乳油 500 倍药液中浸 14～23 h,取出晾干,埋入事
先挖好的小坑内,上面盖草,每亩 50～60 个,隔 5 天换 1 次。

五、甘薯天蛾防治方法

喷洒 30％克虫神乳油 1500 倍液、2.5％溴氰菊酯乳油
2000 倍液或 Bt 乳剂 600 倍液,防效优于辛硫磷、马拉硫磷及
敌敌畏。

六、甘薯叶甲防治方法

（1）震落捕杀成虫。利用该虫假死性，于早、晚在叶上栖息不大活动时，震落塑料袋内，集中消灭。

（2）在甘薯栽秧前用 50％杀螟松乳油 500 倍液浸苗后晾干，然后栽种，可防治苗期受害。

（3）喷洒 50％辛硫磷乳油 1500 倍液或 30％氧乐氰乳油 3000 倍液、5％氯氰菊酯乳油 2000 倍液、20％绿·马乳油 1500 倍液、0.6％苦参烟碱 1000 倍液。采收前 5 天停止用药。

七、甘薯小龟甲防治方法

（1）及时清洁田园和田边杂草，可消灭部分越冬虫源。

（2）成虫盛发时，于黄昏开始喷洒 80％的晶体敌百虫 1200 倍液或 40％乐果乳油 1500 倍液、50％倍硫磷乳油 1000 倍液、25％亚胺硫磷乳油 800 倍液、50％杀螟硫磷乳油 900 倍液，每亩喷兑好的药液 75 L。

八、甘薯灰褐羽蛾防治方法

喷洒 5％锐劲特悬浮剂，每亩 50～100 ml，防效优异，同时可兼治甘薯麦蛾、甘薯斜纹夜蛾幼虫。

第七章 菜用甘薯立体间套栽培技术

近年来,随着农业产业结构调整步伐的加快,蔬菜立体套种种植模式发展较快,即在蔬菜大棚内采用菜与瓜立体套种种植模式。春季棚内种植蔬菜,秋季棚顶结苦瓜,实现了一年一种两收,经济效益十分显著。一个占地 1 亩的大棚年产值达 3 万元左右,比单种两季蔬菜每亩增值 1 万余元,而且在利用土地的同时,通过该模式可有效改善土壤结构、培肥土壤,使棚内各个空间得到充分利用,提高了土地的复种指数,大大增加了温室单位面积上的产出率。原来,夏季高温多雨、病虫害多,多数棚只好"歇伏",而苦瓜等藤本瓜类和菜用甘薯从立春定植,到清明下瓜,采食甘薯叶片,苦瓜可以一直结瓜到 9 月下旬,而菜用甘薯叶片可以采摘到 11 月上中旬,使 6、7、8 月日光温室闲置期得到充分利用,并丰富了淡季的蔬菜市场,淡季不淡。这种立体种植模式能够充分发挥温室大棚的设施条件优势,可以取得很好的经济效益和社会效益,具有十分广阔的应用发展前景,以下以苦瓜为主要间套作物,介绍菜用甘薯立体间套栽培技术。

一、品种选择

1. 苦瓜

选择具有耐寒又耐温、适应性广、耐弱光、瓜条长、长势好、产量高、品质好的品种。如大顶苦瓜、滑身苦瓜、长绿苦瓜、滨城苦瓜等。

2. 菜用甘薯

选择茎叶再生力较强、茎尖丰产性较好、粗壮、光滑无茸毛、肉质嫩滑且味儿甜、植株生长强旺、萌芽率高、耐高温干旱、品质好的品种。如鄂菜薯 1 号、福薯 18、鄂薯 10 号、福薯7-6、翠绿、莆薯 53、台农 71 等品种可供选用。这些品种生长势强,地上部茎叶产量较高,茎叶产量 2000 kg/亩左右,薯块产量 2000 kg/亩左右,且品质较好,适应性强、抗逆性强、综合性状较好,是茎尖菜用甘薯的首选品种。

二、育苗

苦瓜育苗:种植苦瓜,"小雪"节前后大棚内催芽育苗,翌年 4 月下旬将育成的瓜苗移植在大棚的四周内侧,每亩棚栽260 株左右,当苦瓜蔓爬上大棚架面时,将大棚的塑料薄膜撤掉。

菜用甘薯育苗:选择无病虫危害的完好薯块适时育苗。选择地势高燥,无病虫危害,土层深厚的田块作为苗地,于春节前后下种,下种前 1 天起畦做苗地,规格为畦面宽 80～100 cm,沟宽 20 cm。将薯块排放于苗床中,条距 20 cm。下种后盖上 5 cm 左右的细土,并浇水保湿,最后盖上地膜。当地温高于 15 ℃时,薯块开始萌动。当薯苗长至 10 cm,气温稳定在 15 ℃时,应及时揭去地膜以防烧苗,下种后约 30 天,当苗长至 25 cm 左右时,移苗进行大田种植或继续假植扩繁。或者选择健壮的定植或假植越冬的甘薯植株,3 月下旬至 4 月上中旬剪取茎段,栽插育苗。

三、大田准备与移栽

苦瓜与菜用甘薯套种,苦瓜的种植密度不宜过大,这与苦瓜的分枝力大、生长势及地力水平密切相关。密度过大,前期由于广遮阴对菜用甘薯生长影响较大,过小则前期苦瓜产量小,减少收成。根据试验经验,苦瓜种植规格有:0.5 m×(0.30～0.35) m,0.6 m×(0.35～0.40) m,0.35 m×(0.40～0.45) m,但最好的 0.6 m×(0.35～0.40) m,栽苦瓜250～350 株/亩。

种植菜用甘薯的土壤经翻晒、精耕细作后,整成平畦,为便于田管和采收,适宜畦高 15～20 cm,畦宽 100 cm,行距18～20 cm,每行定植 6 株。采用垂直扦插,苗入土 2～3 节,插后浇透水分。随后进行打顶。以掌握露地 2 个节、保留2 片绿叶为原则,使之不蹲苗,快长根,早萌腋芽。

四、大田管理

1. 菜用甘薯管理

定植田做畦后,每亩畦面撒施有机生物菌肥 50～75 kg作基肥。当小苗定植成活后 5～7 天,逐渐形成健全根系,节间腋芽开始萌发,此时应及时轻施提苗肥,促发健壮腋芽。随着地下部根系群日益完善,地上部腋芽不断伸长,叶片数日渐增加,植株逐渐进入生长旺盛期,对水肥需求日趋增大,此时应勤施催苗肥。每隔 4～5 天薄施腐熟有机肥或亩施叶菜类氮、钾复混专用肥 15 kg,在收获前 5～7 天应停止施肥以待采收。为促进叶梢粗壮肥嫩,本阶段田间应保持湿润,运用水肥促控技术,调节茎叶生长速度,注意预防干旱导致茎叶木质老化,影响产量和品质。

2. 苦瓜管理

吊蔓与搭棚架,吊蔓采用尼龙塑膜,这种方法优于竹竿支架法,便于操作,以尼龙塑膜作索引,绑蔓上爬。在棚膜下用细铁丝分别在东西、南北方向搭二层棚架,并在上面搭少量竹竿,可以引藤横向爬蔓。日光温室栽培苦瓜,整蔓尤其重要。首先保持主茎粗壮旺盛生长,主茎上 0.6～1.5 m 以下的侧蔓全部去掉。苦瓜在棚内的南北向留主茎高度也不一样,北端留高限 1.5～1.8 m,南端留底根 0.6 m。当主蔓长到一定高度后,留 2～3 个健壮蔓与主茎一起接引上棚架,其他再生侧枝,有瓜即留枝,并当节打顶,无瓜则从基部剪除。各级分枝上现 2 朵雌花时,可留第 2 雌花,第 2 雌花一般比第 1 雌花的瓜质量好。采收和后期管理:前期因气温低,一般坐瓜 10～15 天摘,后期生长快,5～6 天即可长成采收。

五、管理关键要点

(1)苦瓜秧蔓量大,要及时整理使其在棚面分布均匀,以促进直射光进入棚内,改变菜用甘薯生长不同阶段对光线的要求。

(2)栽培菜用甘薯时必须离开苦瓜植株 2 m 以外做畦,以防损伤根系。

(3)大棚架必须牢固,以免被苦瓜蔓压倒。

六、相关技术规程

《叶菜用甘薯与苦瓜立体套作技术规程》(DB 42/T 645—2010)

第八章　菜用甘薯采摘贮存技术

第一节　菜用甘薯采摘技术

一、时间要求

菜用甘薯采摘期长，一般从在定植后 25～30 天，有十多片舒展叶时即可采摘，每次采摘后要在枝条茎部留 2～3 个节间，以利再生新芽。根据市场的要求、气候情况和植株自身生长状况分期分批采收。为保证茎尖的脆嫩度，采收时要注意长度适宜，茎尖能够折断为宜，否则纤维化严重，口感粗糙。一般情况下，新的茎尖长出 10 cm 左右即可采摘。每次采摘时，底部要保留至少 2 个腋芽，以便再生侧枝茎尖。采收后要加强肥水管理，促进再生。由于不断采摘嫩梢要消耗较多土壤养分，需及时追肥，为茎尖生长提供肥料。此外，还需要勤灌水，保持土壤的湿度，促进茎尖的生长。

据研究表明，在早晨太阳照射之前采摘口感较好。一般就控制在上午 10 点之前采摘为宜。

露地一般 10 月下旬气温逐渐降低，要停止采摘，移栽种苗，准备越冬。大棚栽培可以适当延期。

二、采摘方式

采收时要使用剪刀或专用采收器，保持切面整齐，避免用手采摘,防止切面感染。茎尖采收要适时、适度、科学、合理。目前手工采摘依旧是菜用甘薯的普遍采摘方法,主要包括挑选、掐断和捆扎几个步骤。目前挑选和捆扎由手工操作完成,在掐断薯尖的环节上经历了几个发展阶段,最初薯尖依靠手指掐断,缺点是效率低,手指往往只能掐断茎段幼嫩的组织,达不到商品用薯尖的长度,后改为剪刀剪,效率虽然较手指掐断有所改进,但是效率并没有显著提高,而且长时间使用剪刀还会造成操作人员手指磨损等问题。

湖北省农业科学院粮食作物研究所发明了一种菜用甘薯快速采摘装置(专利号:ZL201521067572.8),该发明包括固定环、采摘环和连接杆,并在采摘环的外缘设置有刃口,在使用时套在手指上,保证了操作人员手指不受伤,同时刃口可以很方便地切断薯尖。该发明使用方便、省时省力、采摘效率高并且采摘品相好。

采摘的快慢是菜用甘薯生产过程中的重要影响因素,选择快速高效的采摘方式是控制成本提高效益的重要环节。但目前国内还没有合适的机械开展机械化生产。

第二节　菜用甘薯贮存技术

菜用甘薯具有叶表面积大、含水量高、组织脆嫩等特点,采后水分蒸发快,易受机械损伤,呼吸作用旺盛,产生大量呼吸热,故易发生黄化和腐烂而难于贮存保鲜,是生鲜农产品中最难保鲜的一类产品,提高其贮存保鲜期,并避免在旺季由于贮存保鲜问题而大量腐烂,是菜用甘薯生产中需要解决的重要问题。

一、影响叶菜采后贮存期的主要因素

（1）温度。温度是影响叶菜贮存质量的重要因素，温度升高，其呼吸作用、蒸腾作用、物质降解过程、乙烯合成及叶菜对乙烯敏感性增强，并可加速呼吸高峰的到来，温度过高也会引起叶片发黄，叶绿素降解及细胞膜衰老进程的加快。通常在适宜温度范围内，温度每上升 10 ℃，叶菜衰败率加快 2～3 倍，并可加速生理劣变的产生及由病菌引起的腐烂作用，适宜的低温可以减缓或推迟叶菜完熟衰老进程，延长保鲜期。

（2）湿度。湿度也是影响叶菜采后失水的重要因素，因此贮存时需注意贮存环境保持适宜湿度或以包装袋包装，以维持其一定的高湿环境，减少蒸腾失水，保持较高鲜度。菜用甘薯贮存环境较适宜的相对湿度为 95％～100％。

（3）气体成分。目前研究认为影响叶菜采后贮存寿命的主要气体为 O_2、CO_2 和乙烯。O_2 和 CO_2 通过影响叶菜的呼吸代谢来影响其贮存寿命。一般在贮存过程中 CO_2 浓度超过 10％～15％就会引起 CO_2 伤害，缩短其贮存寿命。乙烯会加速叶菜的完熟衰老进程，刺激呼吸作用，使叶色变黄，促使叶片脱落，加速组织纤维化，甚至引起生理障碍。

（4）机械损伤与微生物侵染。在采收、分级、包装、运输和贮存过程中叶菜常常会受到挤压、震动、碰撞、摩擦等机械损伤。机械损伤可启动膜脂过氧化进程，提高衰老基因的表达，是导致叶菜衰老的主要诱导因素。同时机械损伤破坏了正常细胞中酶与底物的空间分隔，扩大了与空气的接触面，为微生物的侵染创造了条件，加速了产品的衰败。

二、菜用甘薯采后的保鲜贮存

(1)低温贮存。菜用甘薯采摘后应尽快食用,如需贮存,主要采用低温保鲜技术。温度是果蔬采后贮存保鲜的关键,低温贮存条件下各种营养成分(维生素C、蔗糖、蛋白质、氨基酸、粗纤维等)含量下降较慢。低温贮存条件下菜用甘薯贮存保鲜效果较好,低温对降低菜用甘薯生理代谢速度、减少物质消耗、延缓组织衰败、保持菜用甘薯叶片的风味和营养有一定的作用。低温处理可较好地减缓营养物质的损失,有效地延缓菜用甘薯的衰老,一定程度地延长菜用甘薯的贮存期。并尽量缩短贮存时间,以保证菜用甘薯叶片的营养及卫生品质。目前在临时贮存时一般将捆扎成把的菜用甘薯竖放在塑料周转筐中,堆放在4~8 ℃低温冷库中,等待销售。保存期不宜超过4天。大批量运输采用低温装入塑料周转筐,采用专用冷藏车辆运输,及时批发销售。

(2)喷水增湿。菜用甘薯收获后,如温度较高,应采取一定和降温措施后再进入4~8 ℃低温库。特别注意,必须等待薯尖的温度达到贮存库内的温度后,才能施水增湿。

第九章 蔬菜绿色生产要求

绿色生产是指以节能、降耗、减污为目标，以科学管理和高科技手段，实施农业生产全过程污染控制，是污染物的产量最少化、收益最大化的一种综合措施，目的是获得食用后有益身心健康的蔬菜。

在菜用甘薯生产中的污染源包括大气污染、土壤污染、水质污染、生物污染、农药污染、包装加工污染等。在生产实践过程中，通过科学合理措施，解决以上问题，达到菜用甘薯的绿色生产。

一、蔬菜生产场所需符合基本要求

（1）基地应选择在距污染源 1000 m 以上，而且不得用被污染过及确为受污染的地块作基地。

（2）基地必须选择符合 GB3095—1996 标准的产地，周围不得有大气污染，特别是上风口没有污染，不得有有害气体排放，生产生活用燃煤锅炉需有防尘除硫装置。

（3）基地土壤环境必须符合 GB15618—2000 土壤环境质量标准。要求周围没有金属和非金属矿山，无农业残留污染。土壤深厚、疏松、有机质含量高。

（4）基地的灌溉水质必须符合 GB5084 水质标准，应选择地下质清洁无污染的地区。

（5）基地选择在有较完善的田间水利设施，能排能溢。

二、科学使用化肥农药

1. 化肥使用

尽量使用腐熟农家肥与有机肥,适当尿素作为追肥。

2. 农药的使用

优先选择生物农药。生产中常用的生物杀虫杀螨剂有:Bt、阿维菌素、浏阳霉素、华光霉素、茴蒿素、鱼藤酮、苦参碱、藜芦碱等;杀菌剂有:井冈霉素、春雷霉素、多抗霉素、武夷菌素、农用链霉素、白僵菌、HD-1、7216、青虫菌 6 号、棉铃虫病毒杀菌剂等。除此之外,还可以使用一些植物性农药,如大蒜、洋葱、蓖麻、夹竹桃等。

合理选用化学农药。严禁使用剧毒、高毒、高残留、高生物富集、高三致(致畸、致癌、致突变)农药及其复配制剂。如甲胺磷、呋喃丹、1605、3911、氧化乐果、杀虫脒、杀扑磷、六六六、DDT、甲基异柳磷、涕灭威、灭多威、磷化锌、甲拌磷、甲基对硫磷、对硫磷、久效磷、有机汞制剂等。选择高效、低毒、低残留的化学农药。限定使用的化学类杀虫杀螨剂有:敌百虫、辛硫磷、敌敌畏、乐斯本、氯氰菊酯、溴氰菊酯、氰戊菊酯、克螨特、双甲脒、尼索朗、辟蚜雾、抑太保、灭幼脲、除虫脲、噻嗪酮等;杀菌剂有:波尔多液、DT、可杀得、多菌灵、百菌清、甲基托布津、代森锌、乙膦铝、甲霜灵、磷酸三钠等。

(1)对症用药。在充分了解农药性能和使用方法的基础上,根据防治病虫害种类,选用合适的农药类型或剂型和合适的浓度,并且根据蔬菜品种选择适合的药剂,不要人为地加大使用浓度。

(2)适时用药。根据病虫害的发生规律,严格掌握最佳防治时期,做到适时用药。对病害要在发病初期进行防治,控制其发病中心,防止蔓延,一旦病害大量发生和蔓延就很难防治;对虫害则要做到"治早、治小、治了",虫害达到高龄期防治效果就差。不同的农药具有不同的性能,防治适期也不一样。生物农药作用较慢,使用时应比化学农药提前 2～3 天。

(3)科学用药。要注意交替轮换使用不同作用机制的农药,不能长期单一化用药,防止病原菌或害虫产生抗药性。蔬菜生长前期以高效低毒的化学农药和生物农药混用或交替使用为主,生长后期以生物农药为主。使用农药应推广低容量的喷雾法,并注意均匀喷施。

(4)选择正确的施药部位。施药时根据不同时期不同病虫害的发生特点确定植株不同部位为靶标,进行针对性施药。达到及时控制病虫害发生,减少病原和压低虫口密度的目的,从而减少用药。例如霜霉病的发生是由下边叶开始向上发展的,早期防治霜霉病的重点在下部叶片,可以减轻上部叶片染病。蚜虫、白粉虱等害虫栖息在幼嫩叶子的背面,因此喷药时必须均匀,喷头向上,重点喷叶背面。

(5)合理混配药剂。农药混配要以保持原有效成分或有增效作用,具有良好的物理融合性,不增加对人畜毒性为前提。合理混合使用,达到一次施药控制多种病虫危害的目的。一般各中性农药之间可以混用;中性农药与酸性农药可以混用;酸性农药之间可以混用;碱性农药不能随便与其他农药混用;微生物杀虫剂(如 Bt)不能同杀菌剂及内吸性强的农药混用;混合农药应随配随用。

(6)要严格执行农药安全间隔期。菊酯类农药的安全间隔期 5～7 天,有机磷农药 7～14 天,杀菌剂中百菌清、代森锌、多菌灵 14 天以上,其余 7～10 天。农药混配剂执行其中残留性最大的有效成分的安全间隔。

三、绿色生产相关规程

(1)《绿色食品产地环境质量》(NY/T 391—2013)

(2)《蔬菜病虫害安全防治技术规范第 6 部分:绿叶菜类》(GB/T 23416.6—2009)

(3)《绿色食品农药使用准则》(NY/T 393—1013)

(4)《无公害食品蔬菜生产管理规范》(NY/T 5363—2010)

(5)《绿色食品绿叶类蔬菜》(NY/T 743—2012)

(6)《无公害农产品生产质量安全控制技术规范第 3 部分:蔬菜》(NY/T 1933—2011)

(7)《菜用甘薯栽培技术规程》(DB 42/T 556—2009)

主要参考文献

[1] 邵晓伟,吴列洪,张富仙,等.菜用甘薯浙菜薯1号的特征特性与栽培技术[J].浙江农业科学,2015,56(1):42-43.

[2] 张超凡,黄光荣,王家万,等.湘菜薯1号的选育及其利用技术[J].湖南农业科学,2002,6:16-22.

[3] 欧行奇,茹振刚,刘明久.高产优质蔬菜型甘薯新品种百薯1号特征特性及栽培技术[J].河南农业科学,2003,5:8-9.

[4] 杨新笋,雷剑,苏文瑾,等.菜用型甘薯鄂菜薯1号的选育及栽培技术[J].湖北农业科学,2010,49(8):1823-1825.

[5] 黄艳岚,张超凡,张道微,等.茎尖菜用甘薯新品种湘菜薯2号的选育及栽培技术[J].湖南农业科学,2016,11:11-13.

[6] 王秀梅,范泽民.叶菜型甘薯阜菜薯1号的选育及配套栽培技术[J].中国种业,2017,9:83-84.

[7] 许泳清,李国良,邱思鑫,等.直立紧凑型叶菜甘薯新品种福菜薯22的选育[J].福建农业学报,2016,31(7):704-707.

[8] 梅新,杨新笋,何建军,等.菜用甘薯新品系主要品质特征的因子分析与综合评价[J].植物科学学报,2016,34(04):614-621.

[9]　乔奇,张振臣,张德胜,等.中国甘薯病毒种类的血清学和分子检测[J].植物病理学报,2012,42(01):10-16.

[10]　张立明,王庆美,王建军,等.脱毒甘薯种薯分级标准和生产繁育体系[J].山东农业科学,1999(01):24-26.

[11]　毛志善,高东,张竞文,等.甘薯优质高产栽培与加工[M].北京:中国农业出版社,2003.

[12]　袁宝忠.甘薯栽培技术[M].北京:金盾出版社.1992.

[13]　胡小三,王穿才.菜用甘薯高产栽培及主要食叶害虫防治技术[J].中国农村小康科技,2010(5):59-62.

[14]　杨新笋,雷剑,苏文瑾,等.菜用型甘薯鄂菜薯1号的选育及栽培技术[J].湖北农业科学,2010(8):1823-1830.

[15]　曹清河,刘义峰,李强,等.菜用甘薯国内外研究现状及展望[J].中国蔬菜,2007(10):41-43.

[16]　赵荷娟,王庆南,程润东,等.茎尖菜用甘薯的高产优质栽培技术[J].金陵科技学院学报,2005(3):73-76.

[17]　任丽花,余华,蔡南通,等.不同氮素水平对菜用甘薯叶片生理特性的影响[J].中国园艺文摘,2011(6):3-5.

[18]　吕卫光,杨新民,沈其荣,等.生物有机肥对连作西瓜土壤酶活性和呼吸强度的影响[J].上海农业学报,2006,22(3):39-42.

[19]　张春兰,吕卫光,袁飞,等.生物有机肥减轻设施栽培黄瓜连作障碍的效果[J].中国农学通报,1999,15(6):67-69.

[20]　邵孝侯,刘旭,周永波,等.生物有机肥改良连作土壤及烤烟生长发育的效应[J].中国土壤与肥料,2011(2):65-67.

[21]　陈小宝.土壤连作产生的危害及防治措施[J].现代农

业科技,2009(22):24-25.

[22] 王秀峰.蔬菜保护地栽培的设施类型及其应用[J].瓜果类,2003(9):25-26.

[23] 杨新笋.甘薯高产栽培与综合利用[M].武汉:湖北科学技术出版社,2008.

[24] 江苏省农业科学院.山东省农业科学院.中国甘薯栽培学[M].上海:上海科学技术出版社,1984.

[25] 江苏徐州甘薯研究中心.中国甘薯品种志[M].北京:中国农业出版社,1993.

[26] 吴东根.叶用甘薯栽培技术[J].中国蔬菜,2007,23(4):44-45.

[27] 郑旋.菜用甘薯品种的筛选及其栽培技术的研究[J].福建农业科学,2004,19(1):41-44.

[28] 郭小丁,谢一芝,马佩勇,等.鲜食甘薯生产施用"地蚜灵"防治蛴螬效果[J].江苏农业科学,2011,39(3):146-147.

[29] 罗克昌,李云平.防治甘薯细菌性黑腐病的药剂筛选与使用方法试验[J].福建农业科技 2004,(2):41-42.

[30] 罗忠霞,房伯平,张雄坚,等.我国甘薯瘟病研究概况[J].广东农业科学,2008,(增刊):71-74.

[31] 王容燕,李秀花,马娟,等.应用性诱剂对福建甘薯蚁象的监测与防治研究[J].植物保护,2014,40(2):161-165.

[32] 谢逸萍,孙厚俊,邢继英.中国各大薯区甘薯病虫害分布及危害程度研究[J].江西农业学报,2009,21(8):121-122.

[33] 杨冬静,孙厚俊,赵永强,等.多种药剂对甘薯黑斑病菌的毒力测定及其对苗期黑斑病的防治效果研究[J].江

西农业学报,2014,26(11):72-74.

[34] 于海滨,郑琴,陈书龙.等.甘薯小象甲的生物学特征与综合防治措施[J].河北农业科学,2010,14(8):32-35.

[35] 张振臣,乔奇,秦艳红,等.我国发现由甘薯褪绿矮化病毒和甘薯羽状斑驳病毒协生共侵染引起的甘薯病毒病害[J].植物病理学报,2012,42(3):328-333.

[36] 任丽花,余华,刘文静,等.不同贮存温度对菜用甘薯营养品质的影响[J].福建农业科技,2011,6:97-100.

[37] 李冬梅,冯建英,郑芳.菜用甘薯茎尖不同储存期 VC 和亚硝酸盐含量的变化研究[J].德州学院学报,2015,31(2):51-52.

[38] 徐飞,曹清河,袁起,等.茎尖菜用甘薯生产现状与发展建议[J].江苏农业科学,2015,43(9):5-8.

[39] 中国质量监督检验检疫总局,中国国家标准化管理委员会.环境空气质量标准:GB 3095—1996[S].北京:中国标准出版社,1996.

[40] 国家环境保护局南京环境科学研究所.土壤环境质量标准:GB 15618—2000[S].北京:中国标准出版社,2000.

[41] 王德荣,崔淑贞,徐应明.农田灌溉水质标准:GB 5084—2005[S].北京:中国标准出版社,2005.

[42] 农业部薯类专家指导组全国农业技术推广服务中心.2017 年菜用甘薯生产技术指导意见[N].农民日报,2017-05-15(06).

[43] 张瑜.温室园艺行业标准一览[J].农业工程技术(温室园艺),2017,37(19):88-89.